Chandan Kumar Singh
Shafaat Ahmad
Samir Pratap Singh

Gestão ecológica da mancha foliar de Alternaria em couve

Chandan Kumar Singh
Shafaat Ahmad
Samir Pratap Singh

Gestão ecológica da mancha foliar de Alternaria em couve

ScienciaScripts

Imprint

Cover image: www.ingimage.com

This book is a translation from the original published under ISBN 978-3-659-75691-7.

Publisher:
Sciencia Scripts
is a trademark of
Dodo Books Indian Ocean Ltd. and OmniScriptum S.R.L publishing group

120 High Road, East Finchley, London, N2 9ED, United Kingdom
Str. Armeneasca 28/1, office 1, Chisinau MD-2012, Republic of Moldova, Europe
Printed at: see last page
ISBN: 978-620-8-15212-3

Índice:

Gestão ecológica da mancha foliar de Alternaria em couve

Chandan Kumar Singh
Safaat Ahmed
Samir Pratap Singh

Gestão ecológica da mancha foliar de Alternaria em couve

Autoria
Chandan Kumar Singh
M.Sc. (Ag.) Fitopatologia
Dr. Safaat Ahmed

Doutoramento em Patologia Vegetal
Dr. Samir Pratap Singh
Doutoramento em Fitopatologia

Agradecimentos

Antes de mais, a minha saudação sincera aos pés de Deus Todo-Poderoso, que me concedeu a força e o zelo que permitiram a conclusão desta árdua tarefa. Não tenho palavras para exprimir o meu respeito, amor e gratidão para com os meus queridos pais, **o Dr. Vijay Bahadur Singh e a Sra. Sita Singh**, e para com **o meu irmão mais velho, o Sr. Anand Singh**, cujo amor, afeto e encorajamento sem paralelo me ajudaram a chegar a esta fase. Os esforços incansáveis dos meus pais levaram-me a completar esta bela viagem da forma mais maravilhosa que alguma vez poderia ter feito. Não deixarei passar esta oportunidade sem lhes agradecer.

Desejo exprimir o meu sincero agradecimento ao meu incomparável orientador, **Professor Shafaat Ahamd,** Department Of Plant Protaction, Sam Higginbottom Institute of Agriculture, Technology and Sciences (Formerly Allahabad Agricultural Institute) Deemed to be University, Allahabad, pela sua orientação, paciência e reiteração de nobres verificações, críticas construtivas, ideias inovadoras, sugestões valiosas, inspirações intermináveis, paciência infinita, juntamente com uma natureza amigável e um toque afetuoso durante o curso destas memórias. De facto, as palavras não são suficientes para a sua apreciação.

Gostaria de expressar o meu profundo sentimento de honra *ao Professor Assistente* ***Dr. Abhilasha A.lal*** do Departamento de Proteção de Plantas, *que foi a* chave para iniciar este trabalho. Foi a pessoa que me podou de vez em quando para atingir esta proficiência. A sua compostura fria para comigo ficará para sempre na minha memória

Gostaria de expressar os meus sinceros agradecimentos e o meu profundo sentido de honra ao meu Presidente Emérito, Professor **Dr. G. Thomos, do Departamento de Biotecnologia** SHIATS Allahabad, pelo seu interesse sustentado, supervisão constante e inspiração infinita.

Exprimo o meu profundo sentimento de reverência e gratidão à **Dra. S. Simon**, Professora e Diretora do Departamento de Proteção das Plantas, por ter disponibilizado as instalações necessárias e por ter prestado toda a ajuda possível para a realização do presente estudo.

Sereno, pessoa com um coração empíreo, um resumo de equanimidade. É assim que a venero, Senhora, membro do meu Comité Consultivo, **Shalini Masih**, Professora Assistente, Departamento de Matemática e Estatística. Estou-lhe infinitamente grato por tudo o que fez por mim, a sua orientação e supervisão constante colocaram-me onde estou.

Gostaria também de expressar os meus profundos cumprimentos a todo o pessoal docente e não docente do meu departamento pelas suas sugestões eruditas e ajudas.

Expresso também a minha mais profunda gratidão aos meus superiores Mayank Kumar, Lakhveer Singh e Rajkarn pela sua generosa ajuda.

Estou muito grato a todos os meus amigos, especialmente ao Sr. Ankit Chaudhry, Prateesh Singh, Bipin Chandra Singh, Pankj Kumar, Ajay Singh, Amijeet, Vivek, Raghvendra Singh, Rahul Tivari.

Agradecer a todas as pessoas que solicitam os seus bons desejos para o meu futuro.

Local: Allahabad

Data: **Chandan Kumar Singh**

CAPÍTULO I

INTRODUÇÃO

Os legumes constituem o componente mais importante e barato de uma dieta equilibrada, que as pessoas agora percebem devido aos seus elevados valores nutritivos indispensáveis para o seu corpo. Há relatos sobre a procura crescente de legumes brassicáceos no mercado. De acordo com a recomendação do Conselho Indiano de Investigação Médica (ICMR), um homem médio com hábitos alimentares vegetarianos ou não vegetarianos deve consumir 125 g de vegetais de folha verde, 100 g de raízes e tubérculos e 75 g de outros vegetais por dia, por adulto, para um regime alimentar equilibrado. A couve é rica em minerais como o fósforo, potássio, cálcio, sódio, ferro, vitamina A, B, C e proteínas.

A Índia é o segundo maior produtor de produtos hortícolas do mundo, logo a seguir à China, com uma produção anual de 81 milhões de toneladas em 5,1 milhões de hectares de terra (**Karanth 2002**). Entre os legumes, a couve (*Brassica oleraceae* var. *capitata* L.), membro da família Brassicaceae, é um legume de inverno amplamente cultivado em climas frescos e húmidos e em solos franco-arenosos pesados. Contém grandes quantidades de água (91%), proteínas e uma pequena quantidade de açúcar, amido e sais minerais. As folhas são consumidas em saladas ou cozinhadas **(Pandey e Chandha 1993).** O valor nutritivo da couve é apresentado no quadro (1.1).

Na Índia, o aumento da produção de couve nas épocas de 2009-10 passou de 6,8 milhões de toneladas para 7,28 (+10%) milhões de toneladas em 2008-09. Em 2009-10, a área cultivada de couve foi de 0,33 milhões de hectares, com uma produção de 7,28 milhões de toneladas. Em Uttar Pradesh, a área total cultivada foi de 13,00 hectares, com uma produção de 38 700 toneladas em 2009-10. **(National Horticulture Board 2010).** A área e a produção de couve na Índia são apresentadas no quadro 1.2.

Quadro 1.1 Valor nutritivo da couve (porção) por 100 g de produto comestível

Valor nutricional por 100g (3,5oz)	
Energia	103KJ(Kcal)
Açúcares	5.8g
Hidratos de carbono	5.8g
Fibra alimentar	2.5g
Gordura	0.1g

Proteína	1.28g
Tiamina (vit.$_{B1}$)	0,061mg (5%)
Riboflavina (vit.B)$_2$	0,040 mg (3%)
Niacina (vit.B)$_3$	0,234 mg (2%)
Ácido pantoténico	0,212 mg (4%)
(B5)	
Vit.Be	0, 124mg
	(10%)
Folato (vit.B)$_2$	53 ug (13%)
Vit. C	36,6 mg (44%)
Vit K	70 ug (72%)
Cálcio	40 mg (4%)
Ferro	0,47 mg (4%)

Magnésio	0,12 mg (3%)
Fósforo	26 mg (4%)
Potássio	170 mg (4%)
Zinco	0,18 mg (2%)

Fonte: Base de dados de nutrientes do USDA

Quadro 1.2 Superfície e produção de couves na Índia

Ano	**Área (milhões de hectares)**	**Produção (milhões de toneladas)**
2006-07	0.249	5.584
2007-08	0.266	5.910
2008-09	0.310	6.870
2009-10	0.331	7.281

Fonte- NHB2010

Muitas doenças atacam a couve, tanto no campo como nos armazéns. Entre as doenças comuns, a mancha foliar, a murchidão de fusarium, a mancha anelar, o míldio e a raiz branca, a mancha foliar de Alternaria da couve é uma doença frequente que provoca perdas todos os anos **(Bedlan, 1991)**. O agente causal da doença da mancha foliar da couve é conhecido por ser *Alternaria brassicicola*. As folhas infectadas têm um aspeto castanho-escuro a preto, as manchas zonadas são circulares (1 a 10 mm de diâmetro) e, em cultura, as colónias têm um aspeto anfíbio castanho-oliváceo escuro. O micélio é septado, as hifas são ramificadas, hialinas a castanhas, inter e intracelulares. Os conidióforos surgem isoladamente ou em grupos. Os conídios estão em cadeias, por vezes ramificados, surgem através de pequenos poros da parede do conidióforo, são rectos, afinando em direção ao ápice, a célula basal é arredondada, o bico está presente ou ausente, a célula apical é mais ou menos retangular, contém menos de 6 septos transversais e poucos septos longitudinais. Os conídios são apertados nos septos. (O fungo passa o inverno sob a forma de conídios em restos de culturas, mas a principal fonte de inóculo é provavelmente a semente, durante o período de vegetação propaga-se por conídios. A propagação é feita pelo vento e por salpicos de água. A mancha foliar de Alternaria da couve é uma doença que nasce no solo e nas sementes. É geralmente gerida através da utilização de fungicidas como Carbendazim, Mancozeb, etc. A utilização de produtos químicos é bastante antieconómica e conduz frequentemente à poluição atmosférica. Hoje em dia, muitos extractos de folhas são utilizados como fungicidas botânicos. O seu desempenho é muito bom. O efeito dos produtos vegetais nos fungos foi estudado em duas direcções, no crescimento do micélio e na germinação de esporos de fungos. Os produtos vegetais são mais seguros para o ambiente quando comparados com os produtos químicos sintéticos. No presente estudo, foram utilizados produtos vegetais como a folha de neem, o bolbo de cebola e o extrato de folha de beladona para controlar a mancha foliar de Alternaria na couve causada por *A. brassicae* e *A. brassicola.* O objetivo deste estudo foi comparar extractos de plantas e produtos químicos quanto à sua eficácia no controlo da mancha foliar negra da couve (*Alternaria brassicicola)*

A mancha negra das folhas causada por *Alternaria brassicicola* (Schw.) Wiltshire é uma doença comum das crucíferas em todo o mundo. A doença pode causar perdas significativas no rendimento e na qualidade das culturas de crucíferas. Embora a utilização de cultivares resistentes seja a solução ideal para a doença, atualmente não estão disponíveis cultivares de crucíferas resistentes à mancha negra das folhas. A utilização de fungicidas continua a ser o método mais popular para o controlo da mancha negra das crucíferas. No entanto, há cada vez mais preocupações quanto à utilização de fungicidas químicos devido ao seu potencial efeito nocivo para o ambiente, a saúde dos seres humanos e dos animais e, possivelmente, outros danos colaterais para os microrganismos de espécies não visadas. No entanto, os agentes de biocontrolo e os fitoextratos são seguros, mais baratos e igualmente eficazes em comparação com os fungicidas. Por conseguinte, a IDM deve ser incorporada.

Tendo em conta a doença e as perdas causadas pelo agente patogénico, propõe-se o presente estudo **"Eco- Freindly Management of Alternaria Leaf Spot of Cabbage"** com os seguintes objectivos

1. Avaliar e identificar o agente patogénico *Alternaria spp.* associado à planta da couve.
2. Estudar o efeito de alguns extractos de plantas, *T. viride* e Mancozeb no crescimento e rendimento da couve.
3. Avaliar o efeito dos tratamentos na incidência da doença de *Alternaria* spp. em condições de campo.

CAPÍTULO II

REVISÃO DA LITERATURA

A literatura relativa a diferentes aspectos do presente programa de investigação em couve foi pesquisada durante o período do presente inquérito e é apresentada a seguir:

Nees (1817) propôs o género *Alternaria* com *Alternaria tenuis* como espécie-tipo. Posteriormente, o género foi designado por *Macrosporium*, *Rhopalidium* e Montagne, *Polydesmus*.

Berkley (1836) referiu este agente patogénico como *Macrosporium brassicae*. Em 1924, Bolle efectuou um estudo pormenorizado do fungo e designou-o por *Alternaria brassicae* (Berk.) Bolle. Confirmou também a patogenicidade do organismo em plantas crucíferas. Sugeriu ainda que Saccardo não tinha na sua posse o espécime de Berkley quando transferiu *Macrosporium brassicae* para *Alternaria brassicae* (Berk.) Sacc. Por conseguinte, Bolle afirmou ter assinalado a combinação com o que pensava ser o espécime correto. Mais tarde, Moore (1939) alterou a autoridade de *Alternaria brassica* (Berk.) Bolle para *Alternaria brassica* (Berk.) Sacc. O agente patogénico *Alternaria brassica,* causador da mancha foliar das crucíferas, tem sido designado por diferentes autores de tempos a tempos.

Milbrath (1922) referiu que *a Alternaria* afectava a couve, a couve-flor e os brócolos na Califórnia. Duas espécies de *Alternaria* viz. *brassicae* e *brassicicola* causam o míldio foliar da couve-flor.

Govinbanich (1938) fez isolamentos a partir das lesões na inflorescência da couve-flor, o que resultou em *Alternaria* causadora da mancha negra da couve-flor e foi identificada como *Alternaria brassicae*, cujo sinónimo foi referido como *A. circinuns.*

Changsri e Weber (1963) determinaram a patogenicidade de *Alternaria brassicae* e *Alternaria brassicicola* colocando as sementes em solo esterilizado com culturas destes fungos e as vagens foram incubadas durante seis dias. As plântulas cultivadas em solo de vaso contendo cultura de *A. brassicae* geralmente morriam após a emergência e esporos típicos foram encontrados em lesões de plântulas mortas. Da mesma forma, as plântulas cultivadas em solo misturado com cultura de *A. brassicicola* mostraram alta porcentagem de pré-emergência de damping off.

Rajan *et al.* (1998) avaliaram os diferentes fungicidas contra a alternaria blight do girassol. Entre estes, a bavistina apresentou uma intensidade mínima da doença de 11%, seguida do difolatan (24%), do hinson (26%) e do mancozebe (28%) e, correspondentemente, aumentou o rendimento da cultura.

Anwar e khan (2001) realizaram uma experiência para avaliar o fungicida mais eficaz para o tratamento de sementes para o controlo da doença do míldio foliar (*Alternaria brassicae*) e, em última análise, aumentar o rendimento da colza e da mostarda indiana. As sementes foram tratadas com quatro fungicidas. Todos os fungicidas reduziram a incidência da doença. O Benlate apresentou o melhor desempenho e reduziu a incidência da doença em 76,6%, seguido do Vitavax, Ridomil e Thiovit, que reduziram a incidência da doença em 70,0, 63,3 e 53,5%, respetivamente. O aumento máximo do rendimento de 51,4% foi observado nas parcelas tratadas com Benlate, seguido de Vitavax, que aumentou o rendimento (44,6%). O Ridomil e o Thiovit foram os menos eficazes na redução da incidência da doença e no aumento do rendimento. O Benlate foi o mais eficaz na redução da incidência da doença e no aumento do rendimento.

Bhatti *et al.* (2002) estudaram *Alternaria brassicae* (Berk) sac. Isolada das folhas de couve e identificou as caraterísticas da colónia e a morfologia dos conídios. Foram aplicados quatro fungicidas. O azul de vitigrama inibiu significativamente o crescimento das colónias de *Alternaria* *brassicae*, seguido do dithane M-45. O número de manchas foliares nas folhas inoculadas foi reduzido pelo Dithane M-45. Recomenda-se que a mancha foliar possa ser controlada pela pré-aplicação do azul de vitigrama e do fungicida Dithen M-45.

Meena *et al.* (2004) realizaram um estudo para investigar a eficácia de extractos de plantas e fungicidas, isoladamente ou em combinação, no controlo do míldio da mostarda indiana (*Alternaria brassicae*). Os fungicidas Mancozeb e carbendazim causaram uma redução de 100% no crescimento micelial de *Alternaria brassicae em* relação ao controlo *in vitro*, enquanto o extrato aquoso de bolbo de *Allium sativum a* 1% (p/v) e o extrato de folha de *Acacia nilotica* causaram uma redução significativa.

Kumar *et al.* (2005) estudaram a eficácia dos extractos de folhas de *Azadirachta indica, Cannabis sativa, Aegle marmelos* e *Achyranthes aspera* no controlo da mancha foliar em feijão faba causada por *Alternaria alternata* em experiências laboratoriais e de campo. *A Azadirachta indica* registou a maior inibição do crescimento dos fungos em condições laboratoriais. Em condições de campo, o extrato bruto de folhas de *Azadirachta indica* registou o maior controlo do agente patogénico. O rendimento da cultura foi mais elevado (40,3 q/ha) com a pulverização de extractos de folhas de *C. sativa.*

Mate *et al.* (2005) estudaram a eficácia de produtos vegetais e fungicidas contra o míldio do tomateiro (*A. solani*) na cv. Dhanshri. Os tratamentos aplicados foram oxicloreto de cobre a 0,25%, bavistina [carbendazim] a 0,1%, dithane M-45 [Mancozeb] a 0,25%, Neemark a 0,5% e extrato de folhas de *Eucalyptus* sp. a 10%. A inibição máxima do crescimento micelial radial foi observada no tratamento com Dithane M-45 (89,98%), seguido por carbendazim (85,61%), oxicloreto de cobre (83,62%) e Neemark (65,04%). O Dithane M-45 produziu os rendimentos mais elevados de 139,84 e 129,34 q/ha em condições de inoculação natural e artificial.

Muto et al. (2005) avaliaram a atividade antifúngica de extractos solúveis em água de tecidos frescos e secos de cinco espécies de plantas solanáceas, incluindo a beladona (*Solanum nigrum*), a planta do ovo (*Solanum melongena*), a videira do matrimónio (*Lycium chinense*), a batata (*Solanum tuberosum*) e o tomate (*Lycopersicum esculentum*), contra a mancha negra das folhas de crucíferas causada pelos isolados ABA-31 e ABA-104 de *Alternaria brassicicola*. Apenas os extractos de rebentos de batata e de raízes de *S. nigrum* mostraram uma inibição completa da germinação conidial de ambos os isolados de *A. brassicicola* a uma concentração de 10% (p/v) de tecidos frescos e de 1% (p/v) de tecidos secos. Os extractos etanólicos de tecidos de frutos secos de *S. nigrum* inibiram completamente a germinação conidial de *A. brassicicola* nas concentrações inibitórias mínimas (CIM) de 800 vezes para o isolado ABA-31 e 1600 vezes para o isolado ABA-104. Os resultados dos testes de destacamento de folhas mostraram que os extractos de água de tecidos de raiz secos e os extractos de etanol de tecidos de raiz frescos ou secos de *S. nigrum* reduziram a gravidade da mancha foliar negra da couve chinesa (*Brassica chiinensis*) em 80%, em comparação com o controlo não tratado. Os resultados de estudos em estufa mostraram que o tratamento de plantas com extractos etanólicos de tecidos radiculares secos de *S. nigrum* controlou eficazmente a mancha negra das folhas de crucíferas, incluindo duas espécies de couve chinesa (*B. chinensis*) e couve (*B. oleracea* var. *caiptata*) quando o extrato a 0,5 ou 1% (p/v) foi aplicado um dia antes da inoculação do agente patogénico, ou um e dois dias após a inoculação do agente patogénico. O estudo sugere que os extractos de *S. nigrum* têm potencial para o controlo da mancha negra das folhas das crucíferas.

Shinde e Raut (2005) realizaram uma experiência para avaliar os potenciais fungicidas Dithane-M45 (Mancozeb) Therum, bavistine (carbandazim) Kavach: Dithane Z-78 (zineb) difotatan (captafol) que controlam os fungos in vitro através da técnica do veneno alimentar.

Singh e Abhimanyu (2005) determinaram, em condições laboratoriais, a eficácia de

Trichoderma viride, T. harzianum, T. hamatum, T. koningii e *Pseudomonas fluorescens* no controlo de *A. brassica*, causadora do míldio da mostarda indiana. Numa experiência relacionada, foram determinados os efeitos de formulações à base de talco de *T. viride* e *T. harzianum* na germinação de sementes de mostarda indiana. Todos os antagonistas fúngicos inibiram o crescimento de *A. brassicae*, com *T. viride* a registar a maior inibição do crescimento do agente patogénico (67,9%). O tratamento de sementes com formulações à base de talco de *T. viride* resultou numa maior germinação (84,9%) de sementes de mostarda indiana em comparação com o tratamento de sementes com uma formulação à base de talco de *T. harzianum*

Surviliene *et al.* (2005) estudaram os efeitos de vários fungicidas nas doenças de armazenamento da couve. A aplicação de nicobifeno, piraclostrobina, azoxistrobina, tolilfluanida, iprodiona e mancozebe afectou significativamente o rendimento e a qualidade da couve. Todos os fungicidas aumentaram o rendimento da couve em 11-17%.

Guleria e Kumar (2006) relataram que o extrato da folha de nim proporcionou o controlo do patogéneo da mancha foliar de Alternaria do sésamo, nesse estudo a severidade máxima da doença foi observada no controlo (65%), enquanto que a planta tratada com o extrato da folha de nim (diluição 1:2) teve uma severidade da doença de apenas 10%.

Latif *et al.* (2006) avaliaram a eficácia de vários rácios de conteúdo de quatro extractos de plantas preparados a partir de alho, folha de Neem, gengibre e bolbo de cebola e a redução de fungos transmitidos por sementes associados a sementes de mostarda. Observaram que o alho era mais eficaz no controlo dos fungos transmitidos pelas sementes e que o extrato de folha de Neem era moderadamente eficaz na remoção da micoflora das sementes de mostarda, enquanto os extractos de gengibre e de bolbo de cebola eram os menos eficazes na remoção dos fungos transmitidos pelas sementes.

Narain *et al.* (2006) efectuaram ensaios de campo durante 2002/03 e 2003/04, em Uttar Pradesh, Índia, para avaliar a eficácia dos fungicidas contra a mancha foliar de alternaria (*Alternaria brassicae*) nos brócolos cv. Shadow. Os fungicidas foram pulverizados 45 dias após a sementeira e 15 dias depois. Todos os fungicidas reduziram significativamente a intensidade da doença e aumentaram o rendimento da cabeça em comparação com o controlo não tratado. O Indofil M-45 foi o tratamento mais eficaz, registando a menor percentagem de incidência da doença (18,0% em média ao longo de 2 anos) e o maior rendimento em cabeças (274 q/ha).

Pandey *et al.* (2006) estudaram a eficácia de Dithane M-45 [Mancozebe], tirame, Bavistin [carbendazime], Benlate [benomil], Indofil M-45 [Mancozebe + tiofanato-metilo], captana e Vitavax [carboxina] contra *Alternaria alternata* que infecta *Dolichos lablab* [*Lablab purpureus*]. A percentagem de germinação das sementes em todos os tratamentos foi elevada; no entanto, a germinação foi baixa em 2004, em comparação com 2003, devido à humidade. O tratamento das sementes com Dithane M-45 seguido de 4 pulverizações foliares de tirame resultou numa incidência mínima da doença e num rendimento máximo por parcela.

Prasad e Lallu (2006) realizaram ensaios de campo para avaliar a eficácia de diferentes combinações de pulverização de três fungicidas (ridomil [metalaxil], carbendazim e Mancozeb) e cinco extractos de plantas (*Datura stramonium, Eucalyptus globosus* [*E. globulosus*], *Azadirachta indica, Allium sativum* e *Allium cepa*) contra o míldio de Alternaria (*Alternaria brassicae*) da mostarda indiana cv. Varuna. A análise comparativa de vários calendários de pulverização revelou que a primeira pulverização de carbendazim (0,1%) + Mancozeb (0,2%) seguida de duas pulverizações de Mancozeb (0,2%) no início da sementeira (20th outubro) foi a melhor combinação na redução da gravidade da doença nas folhas (18,7%) e nas vagens (10,4%) e no aumento do rendimento (1295,8 kg/ha), peso de 1000 sementes (5,12 g) e teor de óleo (42,6%). A semeadura em

20th de outubro também proporcionou maior rendimento de sementes e reduziu a intensidade de doenças nas folhas e vagens em comparação com a semeadura mais tardia, ou seja, 20th de novembro. Entre os botânicos integrados com o fungicida padrão (Mancozeb), o extrato aquoso a 5% de *D. stramonium*, *E. globosus* e *Allium sativum* reduziu a intensidade da doença em 21,7, 23,3 e 25,5% nas folhas, respetivamente. No entanto, o Mancozeb proporcionou a maior redução (20,9%) nas folhas e foi estatisticamente igual aos extractos de plantas. Para além do Mancozeb, o *D. stramonium* foi considerado o mais eficaz no aumento da produção de sementes.

Rathod *et al.* (2006) realizaram ensaios de campo em Akola, Maharashtra, Índia, durante 2001-02 e 2002-03, para determinar a eficácia de fungicidas (Mancozeb, Carbendazim, Blitox), produtos de Neem e extractos de folhas no controlo do míldio foliar do trigo causado por *Alternaria triticina*. O tratamento com mancozebe resultou na menor intensidade da doença (23,15%), seguido de carbendazim (27,62%), blitox-50 (oxicloreto de cobre) (31,51%) e extrato de folhas de *L. camara* a 5% (33,08%).

Singh *et al.* (2006) realizaram experiências de 2001/02 a 2003/04, em Ludhiana, Punjab, Índia, para avaliar a eficácia de fungicidas sistémicos e não sistémicos contra a mancha foliar (*Alternaria tagetica*) da calêndula (*Tagetes erecta*). Foram semeadas sementes de calêndula cv. Pusa Narangi foram semeadas em setembro num viveiro. Após 2-3 semanas de estabelecimento no campo, as plantas foram inoculadas com uma suspensão de esporos do fungo contendo 20000 conídios/ml. As pulverizações de fungicidas foram iniciadas após 2 dias e repetidas com intervalos de 15 dias, exceto durante os meses frios de janeiro e dezembro. Os fungicidas testados contra a doença foram: Mancozeb (Dithane M-45,0,2%), Iprodione (Rovral, 0,1 e 0,2%), propineb (Antracol, 0,2%), ziram (Cuman-L, 0,2%), iprobenfos (Kitazin, 0,15%), oxicloreto de cobre (Blitox,0.2%), Vinclozolin (Ronilan, 0,1 e 0,2%), Chlorothalonil (Kavach, 0,1 e 0,2%), Difenoconazole (Score, 0,05%) e Penconazole (Topas, 0,05%). Entre os fungicidas, o Difenoconazole foi o melhor na redução da intensidade da doença na folhagem e nas flores da calêndula e no aumento do número de flores (21,89) e da produção (118,00 g/planta). Iprodione e Mancozeb também deram bons resultados.

Hossain e Rahman (2007) realizaram uma experiência em Gazipur, Bangladesh, em 2002-03 e 2003-04, para avaliar a eficácia da pulverização foliar de potassa (K2O), extrato de folhas de nim (*Azadirachta indica*) e bavistina (Carbendazim) contra a mancha foliar precoce (*Cercospora arachidicola* [*Mycosphaerella arachidis*]), a mancha foliar tardia (*Phaeoisariopsis personata* [*M. berkeleyi*]) e ferrugem (*Puccinia arachidis*) do amendoim (*Arachis hypogaea*) em condições naturais de campo. Todos os tratamentos reduziram a severidade da mancha foliar. No entanto, foi obtida uma redução significativa com bavistin a 0,1%, seguido de 2% de extrato de folhas de Neem + 1,0% de K2O. Apenas a aplicação de 2% de extrato de folhas de Neem + 1,0% de K2O reduziu significativamente a severidade da ferrugem. Uma redução considerável na desfolha e um aumento na produção de vagens também foram obtidos com 0,1% de bavistin e 2% de extrato de folhas de Neem + 1,0% de K2O.

Islam *et al* (2007) realizaram experiências para aceder a fungicidas eficazes para o tratamento de sementes para controlar *a Alternaria spp*. transmitida por sementes da cultura. Na experiência, as sementes foram tratadas com seis fungicidas, nomeadamente Rovral 50 WP (Iprodione) a 0,20%, Dithane M-45 (Mancozeb) a 0,45%, Ridomil MZ 68 WP (Metalaxyl) a 0,20%, bavistin 70 WP (Carbendazim) a 0,10%, Tilt (Propiconazol) a 0,20% e Cupravit (Copper oxichloride) a 0,70%. *Alternaria* spp. transmitidas por sementes associadas a sementes de rabanete. O Rovral 50 WP e o Dithane M-45 foram os mais eficazes na redução da infeção de *Alternaria spp*. nas sementes e aumentaram a germinação das sementes.

Pandey e Prasad (2007) testaram cinco extractos de plantas: *Eucalyptus globosus, Datura* *stramonium, Azardirachta indica, Allium sativam* e *Allium cepa* contra o míldio da alternaria da mostarda. *O Eucalyptus globosus* foi considerado o mais eficaz na redução da intensidade da doença (37%).

Rao *et al.*(2007) Uma experiência de campo foi conduzida durante a kharif 2004 em Dharwad, Karnataka, Índia, para avaliar a eficácia de 8 fungicidas para tratamento de sementes (benomyl, captan, carbendazim, carbendazim+iprodione, carboxin, carboxin+thiram, thiram e triadimefon, cada um a 0.2 e 0,3%) e 2 agentes de controlo biológico (*Trichoderma viride* e *Pseudomonas fluorescens*, cada um a 0,6 e 0,8% como tratamento de sementes) juntamente com pulverização foliar de 0,1% de hexaconazol em condições de campo contra o míldio de Alternaria (causado por *Alternaria helianthi*) do girassol. O tratamento de sementes com carbendazim+iprodiona a 0,3% juntamente com pulverização foliar de hexaconazol a 0,1% registou o menor índice percentual de doença com o maior rendimento (15,09 q/ha), seguido de carboxina+thiram.

Meena *et al.* (2008) aplicaram 1% (p/v) de extrato aquoso de bolbo de *Allium sativum* aos 45 e 75 dias após a sementeira (DAS), o que resultou na menor gravidade da praga (*Alternaria brassicae*) nas folhas e vagens e no maior rendimento de sementes. O extrato de bolbo de *A. sativum* aos 45 e 75 DAS foi considerado significativamente superior a todos os tratamentos no aumento do rendimento de sementes, estando ao mesmo nível que o Mancozeb aos 45 e 75 DAS. *A* pulverização foliar de *A. sativum* também foi económica, uma vez que proporcionou um melhor benefício incremental: relação custo.

Raja e Reddy (2008) avaliaram a eficácia de Mancozeb, oxicloreto de cobre, Captafol, Ziram, Carbendazim, Propiconazole e Hexaconazole contra *A. tenuissima* através da técnica de alimentos envenenados. Os fungicidas também foram avaliados em condições de estufa contra a mancha foliar em *beringela* (cv. Bapatla local) causada por *A. tenuissima.* O crescimento micelial foi completamente inibido por Mancozeb, captafol, ziram, hexaconazole e propiconazole a 0,3, 0,2, 0,2, 0,0035 e 0,0125%, respetivamente. O Ziram foi o mais eficaz contra a mancha foliar, seguido pelo Propiconazole e Captafol.

Singh (2008) realizou experiências durante as estações rabi de 2002-03 e 2003-04 em Himachal Pradesh, Índia, para determinar a eficácia de novos fungicidas na gestão do míldio (*Alternaria solani*) e do míldio tardio da batateira (*Phytophthora infestans*). Batata cv. Kufri Chandramukhi foram submetidas aos seguintes tratamentos: Melody Duo 66.75 WP (5.5% iprovalicarb+61.25% propineb) a 1.5, 2.0 e 2.5 kg/ha, Antracol 70 WP (70% propineb) a 2 kg/ha, Melody 50 WG (50% Iprovalicarb) a 0.25 kg/ha e Ridomil MZ (8% Metalaxyl+64% Mancozeb) a 2 kg/ha. Todos os fungicidas foram significativamente superiores às parcelas não tratadas na redução da infeção dos tubérculos e da gravidade da doença terminal, e aumentaram a produção de tubérculos. No entanto, a aplicação de três pulverizações de Ridomil MZ com intervalos de 10 dias foi a mais eficaz no controlo das pragas precoce e tardia.

Awasthi *et al.* (2009) realizaram uma investigação sobre a gestão ecológica do míldio de Alternaria (*Alternaria brassicae*) da colza e da mostarda, utilizando sais químicos não tóxicos (sulfato de cálcio e micronutrientes), agentes de biocontrolo fúngicos e bacterianos (*Trichoderma viride*, *Pseudomonas fluorescens*) e plantas (*Eucalyptus globosus* e extractos de alho). A experiência de campo foi efectuada em dois anos consecutivos. A observação do índice de doença na folha, o número de manchas e o tamanho das manchas foram registados aos 75 e 90 DAS e na vagem uma semana antes da maturidade. O peso e o rendimento das sementes também foram registados. Todos os tratamentos apresentaram resultados significativamente melhores em comparação com o controlo. Entre os vários tratamentos, o índice mínimo de doença nas folhas e nas vagens foi observado no controlo recomendado Mancozeb seguido do *Eucalyptus*. Resultados semelhantes também foram observados aos 90 DAS. A pulverização com Mancozeb mostrou um número mínimo de manchas, enquanto o menor tamanho de manchas foi observado no *Eucalyptus*. O peso máximo das sementes foi registado com Mancozeb seguido de *E. globosus*. Duas pulverizações de *eucalipto* a 2% wt/vol aos 75 e 90 DAS podem ser aplicadas para uma gestão ecológica da praga de alternaria da colza e da mostarda.

Ayub *et al.* (2009) avaliaram quatro fungicidas, nomeadamente, Knowin, Ridomil-MZ 72WP, Lirotect-M e Rovral 50WP contra o míldio de Alternaria da couve-flor causado por *Alternaria brassicae, A. brassicicolain* numa experiência de campo. Observaram que o Rovral foi mais eficaz contra a praga *de Alternaria* e para maximizar o rendimento das sementes. A aplicação do Rovral sozinho ou misturado com outros fungicidas reduziu significativamente a gravidade da doença. No entanto, o melhor tratamento foi a pulverização de Rovral seguida de Knowin para controlar a doença e aumentar o rendimento das sementes de couve-flor.

Bhosale *et al.* (2009) avaliaram a eficácia do extrato de plantas *Trichoderma viride* e Mancozeb contra *Alternaria porri*, que causa o míldio foliar na cebola. Cada tratamento foi pulverizado a intervalos de 15 dias a partir do aparecimento da doença (50, 65 e 80 dias após a transplantação). A maior intensidade da doença (51,35%) foi registada na parcela não tratada. O mancozeb apresentou a menor intensidade da doença (30,12%) e a maior eficácia de controlo (51,0%), seguido do *T. viride* (34,10 e 38,84%, respetivamente). Entre os extractos de plantas, o extrato de *L. camara* foi o mais eficaz (37,80% de intensidade da doença), seguido pelos extractos de *V. rosea* (38,84%) e *Pongamia pinnata* (38,73%).

Hossain e Hossain (2009) testaram sete fungicidas contra o míldio (*Alternaria solani* L.) do tomateiro. Os fungicidas foram Dencozeb 80WP (Mancozeb), Evamil 72WP (Mancozeb 64%+Matalayxil 8%), Mosum 80WP (Mancozeb), Companion 72WP (Mancozeb 60%+Carbendazim 12%), Mancovit 70WP (Mancozeb), Baimyl 72WP (Mancozeb 64%+Matalayxil 8%) e Pesterozeb 50WP (Mancozeb). Num estudo *in vitro,* todos os fungicidas testados a 250 ppm inibiram significativamente o crescimento micelial de *Alternaria solani* em relação ao controlo e o baimyl, o mancovit e o evamil inibiram completamente o crescimento micelial. Nos ensaios de campo, todos os fungicidas reduziram significativamente a gravidade da doença e aumentaram o rendimento dos frutos e outros componentes do rendimento. A maior redução da doença com o máximo rendimento de frutos e componentes de rendimento foi registada com baimyl seguido de mancovit.

Mesta *et al.* (2009) relataram a eficácia de fungicidas e extractos de plantas contra a praga de Alternaria do girassol causada por *Alternaria helianthi*. Observaram que a iprodina + carbendazina era mais eficaz, inibindo 58,39 % da germinação de esporos, e que o extrato de folhas de nim inibia 38,49 % da germinação de esporos e 43,90 % do crescimento micelial, sendo mais eficaz do que todos os outros extractos de plantas.

Moslem e Kholie (2009) realizaram uma experiência *in vitro* para estudar os efeitos antifúngicos dos extractos de folhas e sementes de nim obtidos por via externa, hexano e éter de petróleo contra *Fusarium oxysporum, Rhizoctonia , Solani, Alternaria solani e Sclerotinia, Sclerotionum* e descobriram que também se observaram tendências semelhantes de inibição no caso de extranets etenólicos hexânicos metanólicos de sementes de nim no caso de extranets de folhas. *Fusarium oxysponum* e *Rhizoctonia solani* mostraram uma inibição de 100% a concentrações de 30% de extractos etenólicos e metanólicos de sementes.

Murumkar *et al.* (2009) avaliaram a eficácia de Carbendazim (0,1%), propiconazole (0,1%), Hexaconazole (0,1%), Chlorothalonil (0,2%), ácido salicílico (100 ppm), Difenoconazole (0,05%) e Mancozeb (0,25%) contra a mancha foliar da flor do sol causada por *Alternaria carthami*.

Descobriram que os fungicidas, Carbendazim 0,1% pulverizado foi o mais eficaz, registando a menor intensidade da doença (30,29%), e o maior rendimento de sementes (955 kg ha^{-1}), rendimento de óleo (266 kg ha^{-1}) e rácio IBC (8,67). A pulverização com Mancozeb 0,2% registou uma intensidade da doença de 45,19%, um rendimento de sementes de 821 kg ha^{-1} e um rendimento de óleo de 227 kg ha^{-1}.

Rao *et al.* (2009) estudaram opções de tratamento integrado de sementes para a gestão da praga de *Alternaria* do girassol. Observaram o maior benefício no tratamento de sementes com Carbendazim + Improdione a 0,3% na eficiência hídrica de *Pseudomonas fluorescens* como preparador de sementes, que pode ser melhorado através da biopreparação das sementes de girassol para uma gestão eficaz e ecológica da praga de *Alternaria* do girassol.

Shashidhara *et al.* (2009) avaliaram a eficácia de microrganismos antagonistas, produtos botânicos e fungicidas contra *P. capsici* em condições laboratoriais. Entre os antagonistas, os isolados *de Trichoderma* foram os mais eficazes na inibição do crescimento de *P. capsici*. A menor inibição foi obtida com o isolado *de Pseudomonas*, seguido por espécies de *Bacillus*. Entre os extractos de plantas, o extrato de alho foi altamente inibitório, seguido dos extractos de folhas de Durnta, Eupatorium, Neem e lantana.

Alam *et al.* (2010) avaliaram a eficácia de fungicidas e extractos de plantas contra o míldio cinzento da mostarda causado por *Alternaria brassicae* e *Alternaria brassicicola*. Observaram que a aplicação de fungicida e extrato de planta influenciou significativamente todos os parâmetros. Os tratamentos de sementes com pulverização de Redomil resultaram num melhor desempenho.

Dubey *et al.* (2010) avaliaram nove fungicidas e a concentração a 5% de 5 extractos de plantas quanto à sua eficácia contra o míldio de Alternaria da noz de Malabar (*Adhatoda vasica* [*Justicia adhatoda*]) causado por *Alternaria alternata* em condições de campo. Observaram que todos os fungicidas foram significativamente superiores ao controlo na redução da intensidade da doença. O Indofil M 45 foi o mais eficaz, seguido do oxicloreto de cobre, mas o difolatan e o Indofil Z-78 foram estatisticamente diferentes entre si. Todos os extractos de plantas foram significativamente superiores ao controlo na redução da gravidade da doença. O extrato de neem foi o mais eficaz no controlo da doença, seguido dos extractos de alho e cebola.

Kumar *et al.* (2010) avaliaram os fungicidas para a gestão do míldio do tomateiro causado por *Alternaria solani*, tendo sido registada uma redução máxima da doença com 28,5 do Índice Percentual de Doença (PDI) nas parcelas tratadas com propiconazol, seguida de 35,33% no tratamento com piraclostrobina. O menor controlo da doença foi registado no tratamento com benomil, com 67,66 PDI. Todos os tratamentos com fungicidas e pulverizações botânicas mostraram um intervalo de infeção dos frutos significativamente menor (1,0-5,03%) em comparação com o controlo (7,037%).

Meena *et al.* (2010) estudaram a praga de *Alternaria* em feijão-caupi e avaliaram a eficácia de nove fungicidas contra *Altenaria spp.* durante a estação kharif de 2006 e 2007. Observaram que a gravidade da doença era baixa nos tratamentos com Defenconazole e Chlorothalonil (<20%) em comparação com a do controlo.

Singh *et al.* (2010) avaliaram fungicidas não sistémicos e sistémicos contra a mancha foliar e o míldio floral em calêndula africana (*Tagetes erecta* cv. Pusa Narangi) causados por *Alternaria zinnia*, *in-vitro*, utilizando a técnica de alimento venenoso em condições de campo. Os resultados mostraram que Mancozeb (85%) e Zineb (78%) causaram a maior inibição do crescimento micelial, seguidos por Captan (74%) e Difenoconazole (73,9%). A severidade mínima da mancha foliar (13,3 e 11,6%) foi registada com Mancozeb, seguido de Zineb (17,0 e 17,3%), Thiram (19,9 e 19,3%) e Chlorothalonil (20,4 e 21,2%). O oxicloreto de cobre foi o fungicida menos eficaz, com apenas 55,6% de controlo da doença.

Yadav *et al.* (2010) estudaram o efeito de carbendazim 50% WP, *Trichoderma harzianum*, substrato orgânico, ou seja, FYM, vermicomposto e pressmud, tanto individualmente como em combinação, em condições de campo, contra a doença da mancha foliar de Alternaria em couve causada por *Alternaria brassicae*. O tratamento de plântulas com *Trichoderma harzianum* e a sua aplicação juntamente com vermicomposto no campo registou o controlo máximo da doença (62,57%) com uma periferia da cabeça (55,54 cm) e um rendimento mais elevado (398,53 q/ha) em comparação com outros tratamentos.

Zaker e Mosallanezad (2010) estudaram os extractos de metanol (m) e metanol-água (mw) de 5 plantas, nomeadamente: hortelã-pimenta, eucalipto, lavandula, serralha russa e Datura, para verificar a sua capacidade antifúngica contra a mancha foliar da batata causada por *Alternaria alternata*, em concentrações de 5, 10 e 15% *in vitro*. Os resultados mostraram que os extractos metanólicos de eucalipto, hortelã-pimenta e lavanda tinham efeitos antifúngicos impressionantes na inibição do crescimento micelial, bem como na germinação de esporos do agente patogénico. Também descobriram que os extractos de metanol eram mais eficazes do que os extractos de metanol e água. Os extractos metanólicos de hortelã-pimenta (15%), lavandula (15%), hortelã-pimenta (10%) e eucalipto (15%) mostraram uma capacidade promissora na inibição do crescimento micelial de *A. alternata* em 0,13, 0,40, 0,43 e 0,50 cm, respetivamente, enquanto a maioria dos extractos metanólicos de água tiveram menos ou nenhum efeito. A germinação de esporos de *Alternaria alternata* foi proeminentemente reduzida por extractos metanólicos, enquanto os extractos metanólicos de água tiveram efeitos muito menores.

Pawar (2011), os extractos de plantas estão a ser utilizados para controlar as doenças desde há vários anos. Verificou-se que os extractos das várias partes da planta, como a folha, o caule, a raiz, o fruto e as sementes, são eficazes contra os fungos patogénicos transmitidos pelas sementes. Os estudos *in vitro* foram realizados utilizando o método de placa de copo para examinar a atividade antifúngica de alguns extractos de caule. Os extractos do caule de 9 plantas foram analisados contra 5 fungos patogénicos transmitidos por sementes, *nomeadamente Alternaria alternata*, *Aspergillus niger*, *Curvularia lunata*, *Fusarium moniliforme* e *Trichoderma viride*. Dos 9 extractos de caule, 6 extractos de caule mostraram atividade antifúngica. O extrato de *Azadirachta indica* mostrou uma atividade máxima; enquanto a atividade mínima foi observada com *Callistemon rigidus* contra os fungos em investigação. Estes extractos de plantas podem possivelmente ser explorados na gestão de fungos patogénicos transmitidos por sementes para evitar a biodeterioração das sementes de uma forma ecológica.

Meena *et al.* (2011) estudaram a mostarda indiana [*Brassica juncea* (L) Czern e Coss] devastada por várias doenças, nomeadamente o míldio de Alternaria (*Alternaria brassicae*), a ferrugem branca (*Albugo candida*), o oídio (*Erysiphe cruciferarum*) e a podridão de Sclerotinia (*Sclerotinia sclerotiorum*). Foram efectuadas experiências em vários locais para a gestão de várias doenças da mostarda de colza durante 2006-2009. Os tratamentos ecológicos (extrato de bolbo de alho, Trichoderma harzianum como tratamento de sementes isolado ou em combinação com pulverização foliar com extrato aquoso de alho, *T. harzianum* e *Pseudomonas fluorescens*) não diferiram significativamente entre si. As pulverizações foliares com fungicidas químicos foram significativamente melhores do que os fungicidas não químicos contra o míldio de Alternaria. Foram observados resultados semelhantes com o extrato de bolbo de alho, *T. harzianum* como tratamento de sementes em combinação com a pulverização de *Pseudomonas fluorescens* foi significativamente superior para a ferrugem branca nas folhas, o oídio e a podridão de Sclerotinia, que foram iguais aos fungicidas químicos para a gestão da podridão de Sclerotinia e foi o melhor para o oídio. A pulverização foliar com extrato de bolbo de alho aumentou significativamente o rendimento das sementes em comparação com o controlo

Yadav ***et al.*** **(2011)** referiram que, no filoplano, existem variedades de fungos na superfície da folha, entre os quais foram selecionados fungos para a avaliação da sua fungitoxicidade contra *Alternaria brassicae*, que causa a doença da mancha foliar da mostarda. A interação das colónias mostrou que *Trichoderma viride* e *Aspergillus flavus* possuíam uma percentagem máxima de inibição do crescimento de *A. brassicae.* Quando se observou o efeito dos metabolitos voláteis e não voláteis libertados pelos fungos filoplanos, verificou-se que *o T. viride* deteve ao máximo o crescimento hifal do agente patogénico. Com o aumento do período de incubação, a inibição do agente patogénico diminuiu enquanto a estimulação aumentou. Também se estudou o efeito da pulverização foliar de metabolitos dos fungos filoplanos testados no desenvolvimento da lesão. Observou-se que a pulverização foliar antes de dois dias de inoculação do agente patogénico foi mais eficaz. A utilização de micoflora composta mostrou uma percentagem máxima de inibição do desenvolvimento da lesão na superfície da folha da planta hospedeira.

CAPÍTULO III

MATERIAIS E MÉTODOS

Os materiais e métodos adoptados no presente estudo, intitulado Eco-freindly Management of Alternaria Leaf Spot of Cabbage, são os seguintes

Sítio experimental

As investigações sobre a *A. brassicae*, que causa a mancha foliar da couve, foram efectuadas no departamento de Proteção das Plantas da Escola de Agricultura de Allahabad, Instituto Sam Higginbottom de Agricultura, Tecnologia e Ciências (considerado universidade) de Allahabad, tendo sido utilizada nesta investigação a couve (*Brassica oleracea* var *capitata* L.) Variedade Golden acre suscetível à mancha foliar de Alternaria.

Clima

O clima em Allahabad é subtropical, que prevalece na parte oriental de U.P. Os extremos de verão e inverno são experimentados aqui, enquanto a temperatura mínima no inverno pode chegar a 4^0 C e a temperatura máxima no verão até 47^0 C, fracamente Dados agro meteorológicos do período de cultivo que foram obtidos pelo Departamento de Ciências Ambientais, SHIATS. Allahabad e apresentados na página seguinte no quadro (3.1)

Tabela 3. 1: Parâmetros meteorológicos durante a época de colheita (outubro de 2011 - fevereiro de 2012)

Padrão semanas	**Temperatura 0C**	**Humidade relativa (%)**	**Precipitação (mm)**				
	Máximo.	**Min.**	**Média**	**Máximo.**	**Min.**	**Média**	
outubro, 2011	34.78	25.02	29.90	76.29	32.42	54.35	Nulo
Ist semana	35.71	26.12	30.91	76.36	44.26	60.31	3.71
IInd semana	31.78	25.34	28.51	78.41	54.16	66.28	Nulo
IIIrd semana	32.23	24.34	28.29	80.21	51.26	65.73	Nulo
IVth semana	32.14	26.21	29.17	81.31	49.26	65.28	5.47
Vth semana							

novembro, 2011	33.71	14.97	24.34	86.71	34.14	60.43	Nulo
Ist semana	33.05	13.54	23.00	90.71	35.57	63.14	Nulo
IInd semana	32.58	12.94	22.76	92.14	38.00	65.07	Nulo
IIIrd semana	31.17	13.31	22.24	91.50	42.34	66.92	Nulo
IVth semana	30.60	13.60	22.10	92.34	44.67	68.50	Nulo
Vth semana							
dezembro, 2011	30.49	11.89	21.19	92.57	39.29	65.93	Nulo
Ist semana	30.69	10.69	20.68	94.00	45.57	69.79	Nulo
IInd semana	25.80	07.57	16.69	94.14	55.14	74.64	Nulo
IIIrd semana	22.57	06.22	14.40	94.57	43.71	69.14	Nulo
IVth semana	23.20	08.13	15.67	93.00	47.67	70.34	Nulo
Vth semana							
janeiro, 2012	22.14	11.89	17.10	94.00	52.43	73.21	5.66
Ist semana	20.80	10.31	15.56	93.86	48.29	71.07	Nulo

IInd semana	23.02	09.74	16.39	91.29	43.86	67.57	Nulo
IIIrd semana	23.68	08.40	16.02	92.14	39.14	65.64	Nulo
IVth semana	25.87	10.74	18.30	89.00	38.00	63.50	Nulo
V^th semana							
fevereiro, 2012 I^st semana	27.22	09.29	18.26	90.29	33.14	61.71	Nulo

Fonte: Unidade do Observatório Agrometeorológico, Escola de Silvicultura e Ambiente, Instituto Sam Higginbottom de Agricultura, Tecnologia e Ciências (considerado uma universidade), Allahabad.

Limpeza e esterilização de objectos de vidro

Os objectos de vidro utilizados durante a experiência foram mergulhados em água da torneira durante a noite e depois lavados com detergente em pó em água corrente da torneira e secos ao sol. Os objectos de vidro limpos foram embrulhados em papel limpo separadamente e esterilizados num forno de ar quente a uma temperatura de 150^0 C a 180^0 C durante duas a quatro horas **(Aneja, 2004).**

Esterilização da agulha de inoculação

As agulhas de inoculação limpas foram mergulhadas em álcool e aquecidas sobre o lume até ficarem em brasa. Este processo foi repetido duas a três vezes. A agulha de inoculação foi utilizada na transferência de inóculos de placas de Petri para tubos de cultura para manter a cultura pura de *Alternaria spp.*

Preparação dos suportes

Os meios de cultura utilizados na experiência foram preparados de acordo com a fórmula-padrão de **Aneja (2004),** para o isolamento e crescimento do agente patogénico *Alternaria spp.* Foi utilizado o meio de batata dextrose-ágar (PDA), cuja composição é a seguinte

Agar	:	15-20gm
Dextrose	:	20gm
Batata descascada	:	200gm
Água destilada	:	1000ml
pH	:	6 - 6,5

Preparação

As batatas foram descascadas e cortadas em pequenos pedaços e fervidas em 500 ml de água destilada até ficarem macias. O extrato obtido foi filtrado através de um pano de musselina e o líquido foi espremido num copo. Adicionaram-se lentamente 20 g de ágar ao resto de 500 ml. 0de água quente para dissolver, e adicionaram-se 20 g de dextrose. O volume do caldo foi aumentado para 1000ml adicionando mais água destilada, 200ml desta solução foram dispensados em cada um dos cinco frascos cónicos e esterilizados a 121^0 C a 15 lbs de pressão/polegada quadrada durante 15 minutos numa autoclave **(Aneja 2004).**

Plaqueamento de meios

O meio autoclavado no qual o Agar - Agar tinha sido misturado foi arrefecido até 45 oc e 200 ml foram vertidos em placas de Petri esterilizadas.

Inclinação dos meios de comunicação

Os tubos de ensaio que continham 5 ml de meio líquido foram inclinados, colocando-os numa placa de madeira após a autoclavagem. Após a solidificação, foram utilizados para a cultura.

Isolamento e identificação do agente patogénico

Foram colhidas folhas de plantas de couve infectadas com sintomas caraterísticos de anéis concêntricos da mancha foliar de Alternaria. Os sintomas destas folhas (após montagem em lâmina) foram examinados ao microscópio para confirmar a presença de *Alternaria spp.* **(Burnett e Hunter 1999)**

Isolamento

As partes de folhas infectadas foram cortadas em pequenos pedaços de dois a três centímetros, de forma a que os pedaços também tivessem alguma parte verde. Esses pedaços de folhas foram esterilizados à superfície com uma solução de cloreto de mercúrio ($HgCl_2$) a 0,1 por cento durante 30 segundos e lavados três vezes com água destilada estéril para remover quaisquer vestígios de cloreto de mercúrio aderidos aos pedaços de folhas. Foram transferidos 2-3 pedaços de folhas para meio PDA contido em placas de Petri, assepticamente, com a ajuda de pinças esterilizadas.

Estas placas de Petri foram incubadas a 25^0 C ± 2^0 C. Após 3 dias, observou-se o crescimento de micélios em torno de pedaços de folhas para o crescimento de colónias, uma porção da periferia com uma única ponta de hifa foi separada e transferida para outras placas de Petri com meio para obter uma cultura pura e a identificação do agente patogénico foi confirmada através da observação das caraterísticas morfológicas da colónia e das caraterísticas dos esporos referidas na literatura.

Manutenção e preservação da cultura

A cultura de reserva de *Alternaria* spp. associada a plantas de couve foi montada em placas de PDA e conservada no frigorífico a 5^0 C. O agente patogénico foi submetido a subcultura a intervalos regulares de 1 mês para manter a cultura viva.

Estudos morfológicos do agente patogénico

Os estudos morfológicos do agente patogénico foram realizados a partir de cultura pura. Foi feita uma suspensão de esporos em água destilada esterilizada a partir de uma cultura pura do agente patogénico cultivada em PDA. Uma gota da suspensão de esporos foi colocada numa lâmina e os caracteres morfológicos foram observados com a ajuda de um microscópio. As espécies de Alternaria que afectam as couves foram diferenciadas com base nos caracteres morfológicos do micélio, conídios e conidióforos registados abaixo.

Micélio

Os micélios das espécies de *Alternaria* associadas à couve são ramificados, septados, hialinos no início, tornando-se mais tarde castanhos claros a cinzentos acastanhados, inter e intracelulares, com um tamanho de 1,5-7,5 |im de diâmetro.

Conidióforos

Os conidióforos são geralmente simples, por vezes ramificados, septados, erectos, rectos ou curvos, ocasionalmente com geniculação, mais cilíndricos, mas frequentemente ligeiramente inchados na base, castanhos pálidos ou meio oliváceos, lisos, medindo 3,5-4,5x5-7,5 |im.

Conídios

Em *Alternaria brassicae* (Berk.) Sacc. Os conidióforos surgem em fascículos e os conídios são obclavados escuros, muriformes, cadeia curta de até 4 esporos. O bico tem cerca de um terço do comprimento do conídio e 5-9 mm de comprimento e também ligeiramente estreitado na base, castanho-esverdeado e incolor.

História e nomenclatura do agente patogénico

A mancha foliar de Alternaria da couve é uma das doenças mais importantes e generalizadas nas zonas de cultivo de couve do Uttar Pradesh. Aparece sob a forma epifitótica, causando o rápido apodrecimento e morte das folhas em condições de humidade elevada e temperatura moderada. Foram registadas duas espécies de *Alternaria*, a *brassicae* e a *brassicicola*, envolvidas na doença da mancha foliar da couve. A taxonomia e a nomenclatura de *Alternaria* foram revistas e publicadas por diferentes autores. O género *Alternaria* foi proposto pela primeira vez por **Nees em 1817**, sendo *Alternaria tenius* a espécie-tipo. **Berkley (1936)** referiu *Alternaria brassicae* em couve inglesa como *Macrosporium brassicae*. Em 1924, Bolle efectuou um estudo pormenorizado do fungo e designou-o por *Alternaria brassicae* (Berk.) Bolle. Também confirmou a patogenicidade do agente patogénico em plantas crucíferas. **Govinbanich (1938)** fez o isolamento a partir de lesões na inflorescência de A couve-flor produziu Alternaria que causa a mancha negra da couve-flor e foi identificada como *Alternaria brassicae*.

O agente patogénico *Alternaria brassicicola* (Schw.) Wiltshire foi referido pela primeira vez por Schweinitz (1832) como *Helminthosporium brassicolum*. Desde então, a nomenclatura e a taxonomia foram objeto de uma nova revisão: **Milbrath (1922)** referiu-a a *Alternaria oleracea* e Bolle (1924) referiu-a a *Alternaria circinus (*Berk. E Curt.) Bolle. Wiltshire (1947) fez o estudo pormenorizado deste agente patogénico e afirmou que existiam apenas duas espécies de *Alternaria* patogénicas para *as brássicas*. A primeira era *Alternaria brassicae (*Berk.) Sac. Anteriormente designada como microsporium brassicau por **Berkley (1836)** e a segunda era vulgarmente conhecida como *Alternaria circinus* (Berk. e Curt.) Bolle. ou *Alternaria oleracea* (Milbrath), que acabou por designar *Alternaria brassicicola* (schw.) Wiltshire. *A Alternaria brassicicola* foi registada na Índia (**Vishwanath e Kolte, 1997**).

Posição sistemática

Reino Unido	Mycota
Divisão	Eumycota
Subdivisão	Deuteromicotina
Classe	Hyphomycetes
Encomendar	Moniliales
Família	Dematiáceas
Género	*Alternaria*
Espécies	*brassicae*

Estudos culturais do agente patogénico

Para os estudos culturais, utilizou-se uma cultura de *Alternaria* associada à couve com sete dias de idade, cultivada em PDA, para inocular os meios sólidos em placas de Petri. O tamanho do inóculo foi padronizado por uma broca de cortiça com um diâmetro interno de 7 mm. O inóculo da cultura em placa de ágar foi cortado com uma broca de cortiça esterilizada e colocado no centro da placa de Petri, em posição invertida, com a ajuda de uma ansa de inoculação, para que os inóculos entrassem em contacto direto com a superfície do meio.

Incubadora a 25 ± 1°C durante 12 dias. O crescimento radial do fungo foi registado e o diâmetro da colónia fúngica cultivada em meio PDA em placas de Petri foi medido em duas direcções, em ângulo reto entre si, em mm. As colónias irregulares foram medidas ao longo do seu diâmetro maior e menor, tendo sido registado o valor médio.

Preparação do extrato de folhas

Todos os extractos de plantas foram preparados de acordo com **Paul e Sharma, (2002).** Para a preparação do extrato aquoso de folhas frescas, as plantas frescas foram lavadas em água corrente da torneira, seguida de lavagem em água destilada, secas ao ar e cortadas em pedaços de 2-3 cm de comprimento. Os tecidos foram homogeneizados em água destilada (1:1 p/v) utilizando um misturador. A mistura foi filtrada através de quatro camadas de um pano de musselina humedecido, lavou-se o filtro e centrifugou-se a 2000 g, 4^0 C durante 15 minutos. O sobrenadante assim obtido foi designado como extrato de folha concentrado. Foi feita uma diluição de 1:5 a partir deste extrato concentrado.

Aplicação do extrato de folhas

O extrato de folhas foi pulverizado 30 dias após a transplantação utilizando um pulverizador manual sob a forma de gotículas finas. A planta de controlo foi pulverizada apenas com água destilada estéril. Os tratamentos experimentais foram repetidos duas vezes.

Aplicação do extrato de folhas (*Azadirachta indica*)

Para a preparação do extrato de folhas, as folhas frescas da planta de nim foram lavadas em água corrente da torneira, seguidas de lavagem em água destilada, secas ao ar e cortadas em pedaços de 2-3 cm de comprimento. Os tecidos foram homogeneizados em água destilada (1:1w/v) utilizando um misturador. A mistura foi filtrada através de quatro camadas de pano de musselina humedecido e lavado o filtro e centrifugado. O sobrenadante assim obtido foi designado como extrato de folha concentrado **(Rathi e Singh 2009)**.

Aplicação do extrato de folhas (*Solanum nigrum*)

Para a preparação do extrato de folhas, as folhas frescas da planta *Solanum* foram lavadas em água corrente da torneira, seguidas de lavagem em água destilada, secas ao ar e cortadas em pedaços de 2-3 cm de comprimento. Os tecidos foram homogeneizados em água destilada (1:1w/v) utilizando um misturador. A mistura foi filtrada através de quatro camadas de um pano de musselina humedecido, lavou-se o filtro e centrifugou-se. O sobrenadante assim obtido foi designado como extrato de folha concentrado **(Muto *et al.* 2005)**.

Aplicação do extrato de bolbo (*Allium sativum*)

Para a preparação do extrato de bolbo de alho, os dentes de alho foram lavados em água corrente da torneira, seguidos de lavagem em água destilada e secos ao ar. Os tecidos foram homogeneizados em água destilada (1:1w/v) utilizando um misturador. A mistura foi filtrada através de quatro camadas de um pano de musselina humedecido, lavou-se o filtro e centrifugou-se. O sobrenadante assim obtido foi designado como extrato concentrado de bolbo **(Rathi e Singh 2009).**

Aplicação do extrato de bolbo (*Allium cepa*)

Para a preparação do extrato de bolbo de cebola, os dentes de cebola foram lavados em água corrente da torneira, seguidos de lavagem em água destilada e secos ao ar. Os tecidos foram homogeneizados em água destilada (1:1w/v) utilizando um misturador. A mistura foi filtrada através de quatro camadas de um pano de musselina humedecido, lavou-se o filtro e centrifugou-se. O sobrenadante assim obtido foi designado como extrato concentrado de bolbo **(Latif *et al.* 2006).**

Aplicação de Mancozeb em pulverização foliar

Mancozeb fabricado por indophil Pvt. Ltd. Mumbai, foi utilizado aos 30 DAS a 2 g/l de água em pulverização foliar e as pulverizações subsequentes foram efectuadas com 15 dias de intervalo, com a ajuda de um pulverizador manual. A observação da intensidade da doença foi calculada. **(Mesta *et al.* 2009)**

Aplicação de *Trichoderma viride*

A formulação à base de talco de Sanjeeveni (Trichoderma viride) fabricada pela International Panacea Ltd. Antes de aplicar a formulação à base de talco de *Trichoderma viride* no campo, o cfu foi verificado no laboratório.

O Trichoderma viride foi utilizado como um chorume seed@5.0g/kg sementes. As sementes de couve foram tratadas corretamente com *Trichoderma viride*, as sementes tratadas foram secas em papel absorvente e transferidas para sacos de papel para avaliação no campo.

Pormenores experimentais

Conceção experimental	Desenho de blocos aleatórios
Número de réplicas	: 3
Número de tratamentos	: 7
Número total de parcelas	: 21
Tamanho da parcela	: 1,0 x 2,0 = 2,0 m^2
Dimensão dos feixes	: 30 cm
Largura do canal de irrigação principal	: 1 m
Largura do canal de sub-irrigação	: 0.50 m

Taxa de sementeira	:	500 g/ha
Espaçamento: Linha a linha	:	60 cm
Planta a planta	:	45 cm
Número de plantas por parcela	:	8
Número total de plantas	:	168
Cultura selecionada		Repolho
Variedades	:	Acre dourado

Quadro 3.2 Pormenores dos tratamentos:

Sl. Não.	**Tratamentos**	**Extrato de planta com várias concentrações**
1	Para	Controlo
2	T1	ST Extrato de folhas de Neem@1% (p/v) + SP Extrato de folhas de Neem@1% (p/v)
3	T2	SP Extrato de folha de noitibó preto @10% (w/v) (pulverização foliar)
4	T3	ST Extrato de bolbo de alho@1% (m/v) + 5P Extrato de bolbo de alho@1% (m/v)

5	T4	ST Extrato de bolbo de cebola@1% (m/v)+SP Extrato de bolbo de cebola@1% (m/v)
6	T5	SP Mancozeb@(0,25gm/l) (pulverização foliar)
7	T6	ST Trichoderma viride (5gm/kg)

Quadro 3.3 Descrição dos produtos botânicos

Sl.No.	Nome comum	Nome botânico	Família
1	Makoya	*Solanum nigrum*	Solanáceas
2	Neem	*Azadirachta indica*	Anunciações
3	Cebola	*Allium sativum*	Aliaceae
4	Alho	*Allium cepa*	Aliaceae

Quadro 3.4 Descrição do fungicida:

Sl. Não.	Nome comum	Nome comercial	Denominação química
1	Mancozebe	Ditano M-45	Bisditiocarbamato de manganês etileno

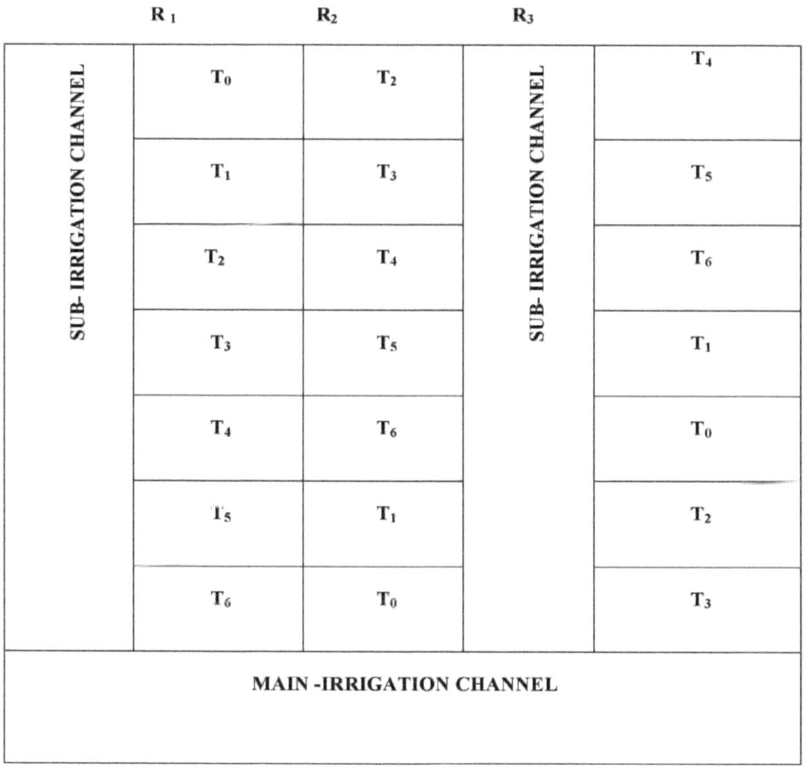

Fig -3.1: DISPOSIÇÃO DO CAMPO

Pormenor das operações agrícolas

Todas as operações agrícolas que foram adoptadas neste estudo são as seguintes

Preparação do terreno

O campo deve ser preparado utilizando a pá para remover as ervas daninhas. 7 campos foram preparados cuidadosamente.

Data de sementeira das sementes	: 10.11.2011
Data da transplantação	; 05.12.2011

Aplicação do fertilizantes-

Todas as fases críticas de crescimento e o campo estiveram sempre saturados de humidade. A quantidade recomendada de fertilizantes foi aplicada como doses basais e secundárias de acordo com o pacote de práticas hortícolas.

Fósforo	: 100 kg/ha	: 05.12.2011

Potássio	: 200 kg/ha	: 05.12.2011 aquando da preparação do terreno
Nitrogénio	: 100 kg/ha	:05.12.2011 meia dose
Nitrogénio	: 100 kg/ha	: 13.01.2012
Monda		: 13.01.2012

Irrigação

Na fase crítica de crescimento, os campos estavam sempre saturados de humidade.

Observações registadas

Avaliação da doença

A Incidência da Doença (DI) da mancha de Alternaria nas folhas foi avaliada com um intervalo de 15 dias após a incidência de 3 plantas marcadas por parcela nas folhas inferiores, médias e superiores. As avaliações começaram no ponto de partida da fase de encabeçamento e terminaram quando todas as folhas abertas estavam infectadas. A severidade das folhas foi determinada de acordo com a escala descrita por **Singh, 2004**. A infeção nas folhas foi classificada numa escala de 0-9 com base na gravidade da infeção nas folhas, ou seja, na relação percentual entre a área infetada e a folha. As escalas foram as seguintes (Quadro 3.5)

Tabela. 3.5 Escala para avaliação da doença

Em série número	Percentagem de área foliar coberta	Grau (x)	N.º de folhas que caem no grau (y)	Classificação da doença (xxy)
1.	0	0		
2.	1	1		
3.	2-10	3		
4.	11-25	5		
5.	26-50	7		
6.	50>	9		
Total				

Intensidade da doença

A intensidade percentual da doença foi registada aos 45 e 60 dias após a incidência da mancha foliar de Alternaria. As infecções iniciais ou a incidência foram registadas no campo experimental aos 43 dias após a transplantação.

A percentagem de intensidade da doença foi calculada de acordo com a seguinte fórmula

$$\text{Percentagem de intensidade da doença} = \frac{\text{Sum of total rating}}{\text{No. of leaves observed} \times \text{Maximum grade}} \times 100$$

(Singh, 2004)

Diâmetros da cabeça da couve (gomo) em cm.

A medição do crescimento do rebento da couve foi registada aos 30, 45 e 60 dias após a transplantação, selecionando aleatoriamente três plantas por parcela, medidas em cm e calculadas as médias. O diâmetro médio do rebento foi utilizado para a análise estatística.

Peso fresco do rebento (kg)

Para o peso fresco do botão, foi selecionada uma planta de cada tratamento, cuidadosamente cortada e pesada. O peso médio do botão fresco foi utilizado para a análise estatística.

Rendimento do rebento de couve (tom/ hec.)

O rendimento em toneladas por hectare para os diferentes tratamentos foi calculado a partir do peso fresco da cabeça multiplicado pelo número de plantas por hectare para calcular o rendimento e o número de plantas por hectare. Para calcular o rendimento, foi utilizada a seguinte fórmula.

$$\text{N.º total de plantas por ha.} = \frac{\text{Net cultivated area of one ha. in meter}^2}{\text{Area covered by one plant (meter}^2)}$$

Rendimento = Peso fresco da cabeça (kg) x número de plantas

O rendimento total (kg) por hectare foi convertido em toneladas.

Análise estatística

Análise de variância

Os dados registados durante o curso da investigação foram analisados estatisticamente através do teste F, utilizando o R.B.D. entre genótipos. A análise foi efectuada de acordo com o procedimento Randomized Complete Block Design para cada carácter, segundo a metodologia preconizada por **Panse e Sukhatme (1967)**.

A soma dos quadrados foi organizada (Tabela 3.6) para testar a significância da diferença entre os tratamentos.

Tabela-3.6 Análise de variância (ANOVA)

Fonte de variação	**D .f.**	**S.S**	**M.S.S**	**F(cal)**	**Resultado**
Devido à replicação	(r-1)	SSR	RSS/(r-1)= MSS(R)	MSS(R)/MSS(E)	S/NS

Devido a tratamento	(t-1)	SST	SST/(t-1) = MSS(T)	MSS(T)/MSS(E)	S/NS
Devido a um erro	(r-1)(t-1)	SSE	ESS/(r-1)(t-1)= MSS(E)		
Total	(r t-1)	TSS			

onde,

r= número de replicações

t= número de tratamentos

SSR = soma dos quadrados devido às repetições

SST= soma dos quadrados devidos aos tratamentos

SSE= soma dos quadrados devidos ao erro

TSS= soma total dos quadrados

MSS (r) = soma média dos quadrados devido à replicação.

MSS (t) = soma média dos quadrados devido aos tratamentos.

MSS(E) = soma média dos quadrados do erro

Erro padrão devido à média

O erro padrão da média foi calculado utilizando a seguinte fórmula:

$$SE = \sqrt{\frac{EMSS}{r}}$$

Diferença crítica (D. C.)

A diferença crítica foi calculada pela seguinte fórmula:

$$C.D. = \sqrt{\frac{2 \times EMSS}{r}} \times t_{Tab}$$

Onde,

EMS = Soma média dos quadrados dos erros.

r = Número de replicações.

Valor T = valor da tabela com grau de liberdade de erro a um nível de significância de 5%.

Um valor 'F' significativo indica que existe uma diferença significativa entre os tratamentos. Mas para comparar dois tratamentos específicos, foi testado contra o valor C.D..

Teste de significância

Se o **valor** do rácio de variância (ou) F- **calculado (MSt / MSv) ou o tratamento for superior ao** valor f- tabulado a 5% e 1% de **significância, a variância entre tratamentos foi** considerada significativa. Se o valor calculado de f for inferior ao **valor** tabelado de f, **a** diferença entre os tratamentos foi considerada não significativa.

Desempenho médio

Média = o valor médio de cada carácter foi calculado dividindo o total pelo número de observações correspondente.

$$\textbf{Mean} = \frac{\sum_{1}^{n} \mathbf{X}}{\mathbf{N}}$$

onde,

$\sum_{1}^{n} \mathbf{X} =$ soma de todas as observações para cada carácter em cada replicação.

N = número correspondente de observações

Gama

Intervalo = o intervalo é a diferença entre o valor mais baixo e o valor mais alto de cada carácter.

$$R = X_{max} - X_{min}. \quad \text{ou}$$

$$R = L - S$$

onde,

L = Valor médio mais elevado dos caracteres

S = Valor médio mais baixo dos caracteres

Coeficiente de variação (CV)

$$\text{Coeficiente de variação (CV)} = \frac{\sqrt{SD}}{\overline{X}} \times 100$$

onde,

DP = Desvio padrão e X = Média dos dados.

CAPÍTULO IV

RESULTADOS E DISCUSSÃO

A presente investigação, intitulada "Eco-freindly Management of Alternaria Leaf Spot of Cabbage" (Gestão ecológica da mancha foliar de Alternaria da couve), foi efectuada na estação *rabi* de 2011-2012 para avaliar a incidência da doença e o rendimento da cultura em condições de campo e de laboratório. Os resultados experimentais são apresentados no Quadro 4.1.

Tabela 4.1: Efeito dos diferentes tratamentos no diâmetro da cabeça (cm) da couve em diferentes dias de intervalo

Tratamento	Tratamento	Diâmetro da cabeça (cm)		
Não.		**30 DAT**	**45 DAT**	**60 DAT**
T0	Controlo	2.53	5.20	10.64
T1	Extrato de folhas de Neem 1% (p/v) (tratamento de sementes) + Extrato de folhas de Neem 1% (p/v) (pulverização foliar)	3.00	5.80	11.22
T2	Extrato de folhas de Black Nightshade 10% (p/v) (pulverização foliar)	2.77	5.36	10.71
T3	Extrato de bolbo de alho a 1% (p/v) (tratamento de sementes) + Extrato de bolbo de alho a 1% (p/v) (pulverização foliar)	2.98	5.55	11.09
T4	Extrato de bolbo de cebola 1% (p/v) (tratamento de sementes) + Extrato de bolbo de cebola 1% (p/v) (pulverização foliar)	2.88	5.49	10.95
T5	Mancozebe (0,25 g / I) (pulverização foliar)	3.03	5.84	11.70
T6	*Trichoderma viride* (5 g / kg) (tratamento de sementes)	3.35	6.37	12.44

	Teste F	NS	S	S
	S. Ed. (±)	-	0.06	0.05
	C. D. (P = 0,05)	-	0.13	0.10

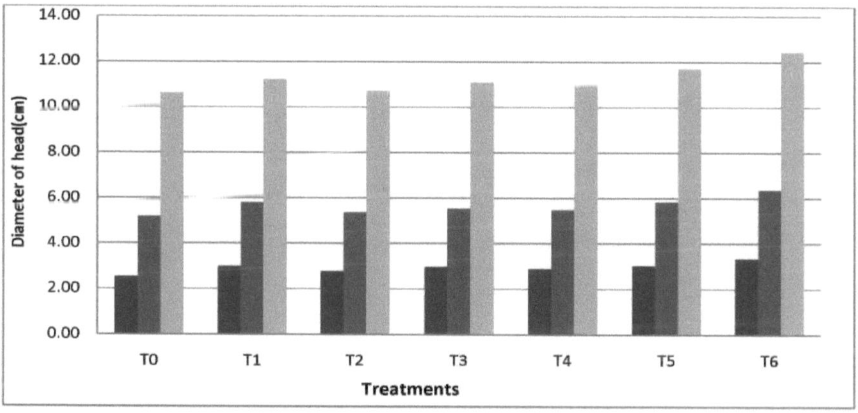

Fig 4.1: Efeito de diferentes tratamentos no diâmetro da cabeça (cm) de couve em diferentes dias de intervalo

4.1: Efeito dos diferentes tratamentos no diâmetro da cabeça (cm) da couve em diferentes dias de intervalo.

Aos 30 DAT (Quadro nº 4.1) o diâmetro do rebento da couve foi estatisticamente significativo nos tratamentos T6 (3,35cm.) seguido de T5 (3,03cm.), T1 (3,00), T3 (2,98), T4 (2,88cm.), T2 (2,77cm.) em comparação com o controlo (2,53 cm). Entre os tratamentos, todos os tratamentos não são significativos em relação ao controlo.

Aos 45 DAT, (Tabela 4.1) o diâmetro máximo aumentou nos tratamentos T6 (6,37 cm.) seguido por T5 (5,84 cm), T1 (5,80 cm), T3 (5,55 cm), T4 (5,49 cm), T2 (5,36 cm), que foram estatisticamente significativos sobre o controlo (5,20 cm.). Entre os tratamentos T6, T5, T1, T3, T4 e T2 não foram significativos entre si, mas foram significativos em relação ao controlo.

Aos 60 DAT, a Tabela 4.1 indica que o diâmetro do broto de repolho foi encontrado no máximo em T6 (12,44 cm.) seguido por T5 (11,70cm.), T1 (11,22cm.), T3 (11,09), T4 (10,95) T2 (10,71) em comparação com o controle (10,64 cm.). As combinações de tratamentos mostraram-se estatisticamente significativas, mas T6, T5, T1, T3, T4, T2 não foram significativas entre si, mas foram significativas em relação ao controlo.

45 DAT

T_6	T_5	T_1	T_3	T_4	T_2	T_0
6.37	5.84	5.80	5.55	5.49	5.36	5.20

60 DAT

T_6	T_5	T_1	T_3	T_4	T_2	T_0
12.44	11.70	11.22	11.09	10.95	10.71	10.64

Quadro 4.2: Efeito de diferentes tratamentos na germinação (%) de couve aos cinco dias após a sementeira

N.º de tratamento	Tratamento	Germinação (%)
Para	Controlo	64.00
T1	Extrato de folhas de Neem 1% (p/v) (tratamento de sementes) + Extrato de folhas de Neem 1% (p/v) (pulverização foliar)	85.67
T2	Extrato de folhas de Black Nightshade 10% (p/v) (pulverização foliar)	67.00
T3	Extrato de bolbo de alho a 1% (p/v) (tratamento de sementes) + Extrato de bolbo de alho a 1% (p/v) (pulverização foliar)	75.00
T4	Extrato de bolbo de cebola 1% (p/v) (tratamento de sementes) + Extrato de bolbo de cebola 1% (p/v) (pulverização foliar)	71.00

T5	Mancozebe (0,25 g / l) (pulverização foliar)	65.00
T6	*Trichoderma viride* (5 g / kg) (tratamento de sementes)	95.33
	Teste F	S
	S. Ed. (±)	1.32
	C. D. (P = 0,05)	2.88

4.2: Efeito de diferentes tratamentos na percentagem de germinação.

A % de germinação (Tabela nº 4.2) da couve foi estatisticamente significativa nos tratamentos T6 (95.33%) seguido de T1 (85.67 %), T3 (75.00 %), T4 (71.00 %), T2 (67.00%), T5 (65.00%) em comparação com a testemunha (64.00 %). Entre os tratamentos a T2, T5 não são significativos entre si mas foram significativos em relação ao controlo

Germinação %-

T_6	T_1	T_3	T_4	T_2	T_5	T_0
95.33	**85.67**	**75.00**	**71.00**	**67.00**	**65.00**	**64.00**

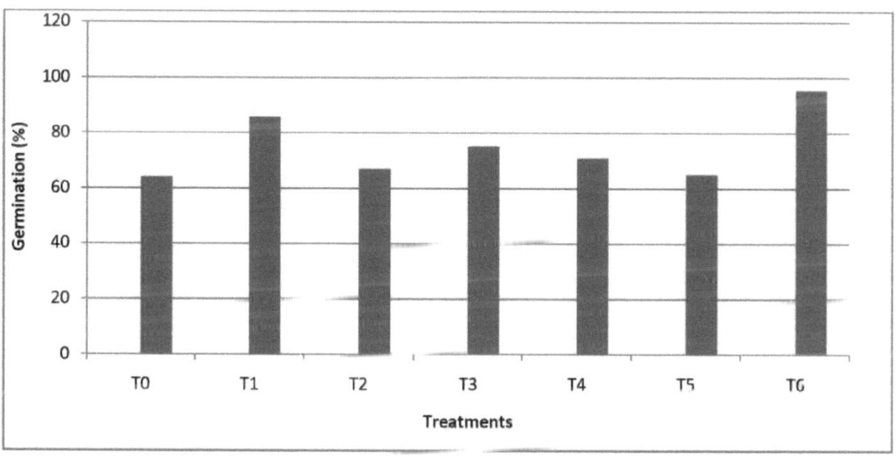

Fig 4.2: Efeito de diferentes tratamentos na germinação (%) de couve aos cinco dias após a sementeira

Tabela 4.3: Efeito de diferentes tratamentos no peso fresco da planta (kg) de couve aos sessenta dias após o transplante

N.º de tratamento	**Tratamento**	**Peso fresco da planta (kg)**
T0	Controlo	1.07
T1	Extrato de folhas de Neem 1% (p/v) (tratamento de sementes) + Extrato de folhas de Neem 1% (p/v) (pulverização foliar)	1.32
T2	Extrato de folhas de Black Nightshade 10% (p/v) (pulverização foliar)	1.19
T3	Extrato de bolbo de alho a 1% (p/v) (tratamento de sementes) + Extrato de bolbo de alho a 1% (p/v) (pulverização foliar)	1.29
T4	Extrato de bolbo de cebola 1% (p/v) (tratamento de sementes) + Extrato de bolbo de cebola 1% (p/v) (pulverização foliar)	1.20
T5	Mancozebe (0,25 g / I) (pulverização foliar)	1.40
T6	*Trichoderma viride* (5 g / kg) (tratamento de sementes)	1.48
	Teste F	S

N.º de tratamento	Tratamento	Peso fresco da planta (kg)
	S. Ed. (±)	0.04
	C. D. (P = 0,05)	0.08

4.3: Efeito dos diferentes tratamentos no peso fresco da planta (kg) de couve

No momento da colheita (Tabela 4.3), as médias do peso da planta inteira de repolho foram mais altas em T6 (1,48 kg), seguidas por T5 (1,40 kg), T1 (1,32 kg) e T3 (1,29 kg), T4 (1,20 kg), T2 (1,19 kg) tratamentos foram significativos em comparação com o controle (1,07 kg), Considerando que entre os tratamentos (T4, T2) eles não foram significativos entre si, mas significativos sobre o controle.

T_6	T_5	T_1	T_3	T_4	T_2	T_0
1.48	**1.40**	**1.32**	**1.29**	**1.20**	**1.19**	**1.07**

Fig. 4.3: Efeito de diferentes tratamentos no peso fresco da planta (kg) de couve aos sessenta dias após o transplante

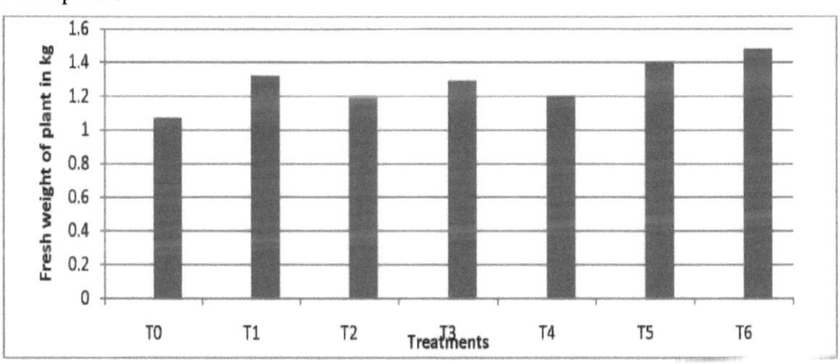

Tabela 4.4: Efeito dos diferentes tratamentos no peso da cabeça (kg) de couve

N.º de tratamento	Tratamento	Peso da cabeça (kg)
T0	Controlo	0.90

T1	Extrato de folhas de Neem 1% (p/v) (tratamento de sementes) + Extrato de folhas de Neem 1%	1.20
T2	(p/v) (pulverização foliar) Extrato de folhas de Black Nightshade 10% (p/v) (pulverização foliar)	1.07
T3	Extrato de bolbo de alho a 1% (m/v) (tratamento de sementes) + Extrato de bolbo de alho a 1%	1.19
T4	(p/v) (pulverização foliar) Extrato de bolbo de cebola 1% (p/v) (tratamento de sementes) + Extrato de bolbo de cebola 1%	1.10
T5	(p/v) (pulverização foliar) Mancozebe (0,25 g / I) (pulverização foliar)	1.25
T6	*Trichoderma viride* (5 g / kg) (tratamento de sementes)	1.33
	Teste F	S
	S. Ed. (±)	0.02
	C. D. (P = 0,05)	0.05

4.4: Efeito dos diferentes tratamentos no peso da cabeça (kg) de couve

O peso fresco da cabeça de repolho (tabela 4.4) indica que o peso fresco máximo foi observado com T6 (1,33 kg) seguido por T5 (1,25 kg), T1 (1,20kg), T3 (1,19 kg), T4 (1,10 kg), T2 (1,07 kg) enquanto o peso fresco mínimo da cabeça de repolho foi observado no controle (0,90 kg), Considerando que entre os tratamentos (T1, T3, T4, T2) eles não foram significativos entre si, mas significativos sobre o controle. (**Yadav** *et al.* **2010**)

T_6	T_5	T_1	T_3	T_4	T_2	T_0
1.33	1.25	1.20	1.19	1.10	1.07	0.90

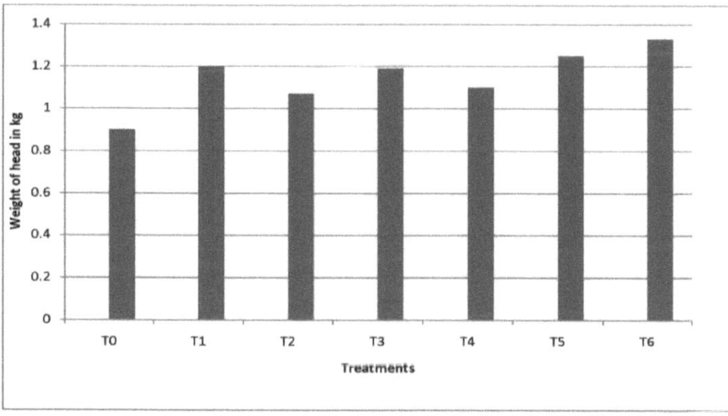

Fig. 4.4: Efeito de diferentes tratamentos no peso da cabeça (kg) de couve

Quadro 4.5: Efeito dos diferentes tratamentos na produção de cabeças (t/ ha^{-1}) de couve

N.º de tratamento	**Tratamento**	**Rendimento em cabeças (t ha)$^{-1}$**
T0	Controlo	36.00
T1	Extrato de folhas de Neem 1% (p/v) (tratamento de sementes) + Extrato de folhas de Neem 1% (p/v) (pulverização foliar)	50.00
T2	Extrato de folhas de Black Nightshade 10% (p/v) (pulverização foliar)	44.00
T3	Extrato de bolbo de alho a 1% (p/v) (tratamento de sementes) + Extrato de bolbo de alho a 1% (p/v) (pulverização foliar)	47.60
T4	Extrato de bolbo de cebola 1% (p/v) (tratamento de sementes) + Extrato de bolbo de cebola 1% (p/v) (pulverização foliar)	46.80

T5	Mancozebe (0,25 g / I) (pulverização foliar)	48.00
T6	*Trichoderma viride* (5 g / kg) (tratamento de sementes)	51.20
	Teste F	S
	S. Ed. (±)	0.55
	C. D. (P = 0,05)	1.19

4.5: Efeito dos tratamentos no rendimento (tom/ha.)

O rendimento (tabela 4.5) do repolho foi mais elevado em T6 (51,20 toneladas/ha) seguido de T1 (50 toneladas/ha), T5 (48 toneladas/ha), T3 (47,60 toneladas/ha), T4 (46,80 toneladas/ha) e T2 (44,00 toneladas/ha) todas as combinações de tratamento foram significativamente diferentes do controlo (36,00 toneladas/ha), enquanto que entre os tratamentos (T3,T4) não foram significativos, uns dos outros, mas significativos sobre o controlo. **(Yadav *et al.* 2010)**

T_6	T_1	T_5	T_3	T_4	T_2	T_0
51.20	**50.00**	**48.00**	**47.60**	**46.80**	**44.00**	**36.00**

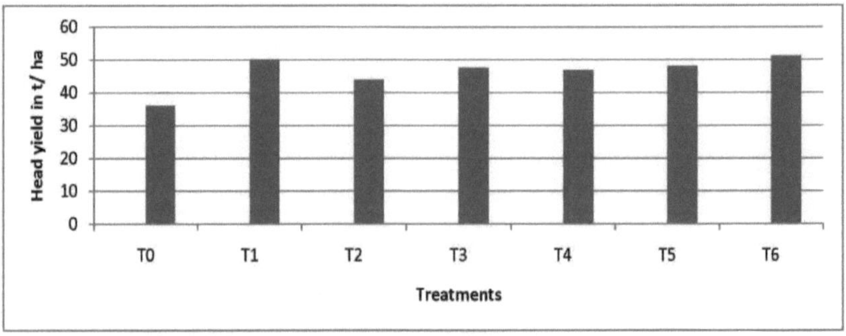

Fig. 4.5: Efeito dos diferentes tratamentos no rendimento em cabeças (t/ ha) de couve

Tabela 4.6: Efeito dos diferentes tratamentos na intensidade da doença (%) da couve em diferentes dias de intervalo

N.º de tratamento	Tratamento	Intensidade da doença (%)		
		Antes da pulverização	45 DAT	60 DAT
T0	Controlo	22.67	36.83	59.90
T1	Extrato de folhas de Neem 1% (p/v) (tratamento de sementes) + Extrato de folhas de Neem 1% (p/v) (pulverização foliar)	14.33	20.67	31.90
T2	Extrato de folhas de Black Nightshade 10% (p/v) (pulverização foliar)	19.55	29.06	43.22
T3	Extrato de bolbo de alho a 1% (p/v) (tratamento de sementes) + Extrato de bolbo de alho a 1% (p/v) (pulverização foliar)	17.00	24.40	32.37
T4	Extrato de bolbo de cebola 1% (p/v) (tratamento de sementes) + Extrato de bolbo de cebola 1% (p/v) (pulverização foliar)	18.67	24.90	32.63
T5	Mancozebe (0,25 g / I) (pulverização foliar)	13.07	20.31	31.30
T6	*Trichoderma viride* (5 g / kg) (tratamento de sementes)	11.27	18.93	29.33
	Teste F	S	S	S
	S. Ed. (±)	0.45	0.16	0.15

	C. D. (P = 0,05)	0.98	0.35	0.33

4.6: Efeito do tratamento na gravidade da doença nas folhas de couve

A análise dos dados registados na tabela no. 4.6 em vários estágios de crescimento da planta mostra que, antes da pulverização, a severidade mínima da doença foi observada com T6 (11,27%) seguido por T5 (13,07%), T1 (14,33%), T3 (17,00), T4 (18,67), T2 (19,55%) em comparação com o controle (22,67%), no entanto, os tratamentos (T1, T6, T2, T4, T4, T5) foram significativos entre si e sobre o controle.

A análise dos dados registados na tabela no. 4.6 em vários estágios de crescimento da planta mostra que 45 dias após o transplante (DAT) a severidade mínima da doença foi observada com T6 (18,93%) seguido por T5 (20,31%), T1 (20,67%), T3 (24,40%), T4 (24,90%), T2 (29,06%) em comparação com o controle (36,83%), no entanto os tratamentos (T3, T4) não foram significativos entre si, mas significativos sobre o controle.

Aos 60 DAT (Quadro 4.6) a severidade mínima da doença foi observada com o T6 (29,33%) seguido do T5 (31,30%), T1 (31,90%), T3 (32,37%), T4 (32,63%), T2 (43,22%) em comparação com a testemunha (59,90%) enquanto que entre os tratamentos (T6, T5, T1, T3, T4) foram significativos em comparação com a testemunha.

Antes da pulverização

T_6	T_5	T_1	T_3	T_4	T_2	T_0
11.27	**13.07**	**14.33**	**17.00**	**18.67**	**19.55**	**22.67**

45 DAT

T_6	T_5	T_1	T_3	T_4	T_2	T_0
18.93	**20.31**	**20.67**	**24.40**	**24.90**	**29.06**	**36.83**

60 DAT

T_6	T_5	T_1	T_3	T_4	T_2	T_0
29.33	**31.30**	**31.90**	**32.37**	**36.63**	**43.22**	**59.90**

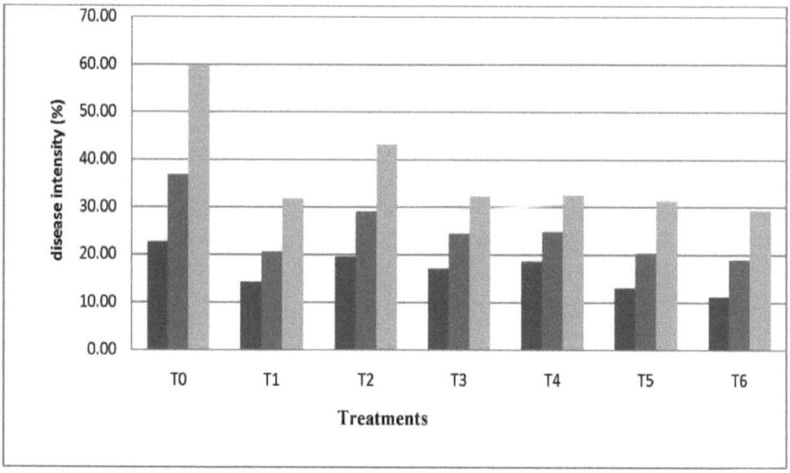

Fig. 4.6: Efeito dos diferentes tratamentos na intensidade da doença (%) da couve em diferentes dias de intervalo

Existe uma grande diferença entre o rendimento potencial e o rendimento obtido no campo do agricultor, o que se deve em grande parte ao número de stresses bióticos e abióticos a que a cultura da couve está exposta. Entre os stresses bióticos, a doença da mancha foliar de Alternaria causada por *Alternaria brassicae* (Berk.) Sacc. E *Alternaria brassicicola* (Schw.) é uma das doenças importantes da couve, que foi registada em todos os continentes do mundo, causando perdas de rendimento de 10-70%, dependendo da espécie de cultura, **(Chattopadhyay, 2008)**

A mancha foliar de Alternaria da couve é uma doença transmitida pelo solo e pelas sementes. Os conídios e o micélio fixam-se nas sementes e aí permanecem, ou entram no solo através de resíduos de plantas doentes e aí sobrevivem. Estes servem de fonte de infeção primária na estação de crescimento seguinte. Com a crescente consciencialização dos efeitos nocivos dos pesticidas, a utilização de práticas culturais, bioagentes, extractos de plantas para integrar com menos pulverização fungicida está a ganhar importância nos últimos anos. O conceito de gestão integrada das doenças procura minimizar as vantagens da utilização de fungicidas. No presente estudo, foram utilizados diferentes bioagentes, extractos de plantas e fungicidas como tratamentos de sementes e pulverização foliar contra a mancha foliar de Alternaria da couve para descobrir um controlo eficaz e económico.

O presente estudo intitula-se "Management of Alternaria Leaf Spot of Cabbage by Plant Extracts and *Trichoderma viride*" (Gestão da mancha foliar de Alternaria da couve por extractos de plantas e *Trichoderma viride*). A experiência foi realizada durante a estação rabi de 2011-2012 no terreno de investigação do departamento de Proteção das Plantas de Allahabad, escola de Agricultura, Instituto Sam Higginbottom de Agricultura, Tecnologia e Ciências (considerado universidade) de Allahabad. Foi realizado um ensaio de campo para verificar a eficácia do tratamento de sementes e da pulverização foliar com extractos de plantas, bio-agente e fungicida na mancha foliar de Alternaria da couve. A experiência foi analisada utilizando RBD (desenho de blocos aleatórios) com três repetições numa parcela de 2x1m^2 , seis tratamentos (T0-controlo, T1-*Azadirachta indica* @ 1% (w/v) + *Azadirachta indica* @ 1% (w/v), T2- *Solanum nigrum* @10%(w/v) (pulverização foliar) ,T3 - *Allium sativum* @1%(w/v) + *Allium sativum* @1%(w/v), T4 - *Allium cepa*@1%(w/v)+ *Allium cepa*@1%(w/v), T5-Mancozeb @ (0.25gm/l) (pulverização foliar), T6 *Trichoderma viride* (5gm/kg) (tratamento de sementes) foram utilizados como tratamento de sementes e pulverização foliar. A experiência revelou que o tratamento de sementes com *Trichoderma viride* @ 5 g/kg seguido de pulverização foliar de Mancozeb @ 0,25 g/l reduziu significativamente a folha de Alternaria e a mancha da cabeça e aumentou o rendimento, seguido de tratamento de sementes de *Trichoderma viride* @ 5 g/l também foi considerado eficaz na redução da folha de Alternaria e da mancha da cabeça. O tratamento de sementes com *Azadirachta indica* @ 1% (w/v) seguido de pulverização foliar *Azadirachta indica* @ 1% (w/v) e o tratamento de sementes com *Allium sativum* @ 1% (w/v) seguido de pulverização foliar de *Allium sativum* @ 1% (w/v) tratamento de sementes com *Allium cepa* @ 1% (w/v) seguido de pulverização foliar de *Allium cepa* @ 1% (w/v) pulverização foliar *Solanum nigrum* @10% (w/v) mostraram resultados quase iguais aos do tratamento acima. Conclui-se que *Trichoderma viride* @ 5 g/kg seguido de pulverização foliar de Mancozeb @ 0,25g/l foi significativamente superior em comparação com outros tratamentos e é mais eficaz na gestão da mancha foliar de Alternaria da couve.

Conclusão

Do estudo acima conclui-se que *a Alternaria* é um fungo muito destrutivo para a couve, mas com a utilização de técnicas avançadas torna-se mais fácil controlar este fungo cosmopolita. A experiência revelou que o tratamento de sementes com *Trichoderma viride* @ 5 g/kg seguido de pulverização foliar de Mancozeb@ 0,25 g/l reduziu significativamente a mancha foliar e a mancha da cabeça da Alternaria e aumentou o rendimento. No entanto, o presente estudo limitou-se apenas a uma estação, pelo que, para fundamentar o presente resultado, são necessários mais ensaios durante algumas estações para apresentar recomendações sólidas.

BIBLIOGRAFIA

q; Haque, M. M.; Aminuzzaman, F. M.; Ahmmed, A. N. F. e Islam, M. R.(2010). Efeito de diferentes fungicidas e extractos de plantas na incidência e gravidade do míldio cinzento da mostarda. *Revista* Internacional *de Tecnologia Agrícola Sustentável.* 6(8): 6-9

Aneja, K. R. (2004). Experiências em microbiologia, fitopatologia e bacteriologia (4th Ed.). New age international (P) Ltd. Publishers. New Delhi. 437-450.

Ansuman M. e Irani Mukherjee (2009). Avaliação do iprovalicarb, um fungicida sistémico na/da couve (*Brassica oleracea var. capitata*). Boletim de Contaminação Ambiental e Toxicologia. 83(3): 341-347.

Anwar, M. J. e Khan, S. M.(2001). Eficácia de alguns fungicidas para o controlo do míldio foliar da colza e da mostarda. *Jornal paquistanês de fitopatologia.* 13(2): pp167-169.

Asit Dubey, Tripathi, M.K. e Mishra Versha (2010). Avaliação de fungicidas e extractos de plantas para a gestão da praga de Alternaria na noz de Malabar. *Annals of Plant Protection Science* New Delhi,18(1):250-258.

Awasthi, B.C.,Tiwari, . R. P. e A. K(2009). Gestão ecológica da doença do míldio de Alternaria *(Alternaria brassicae)* da colza e da mostarda. *Ambiente e Ecologia. 2009. 27: 2A, 906-910.*

Ayub Ayub; Mian, I. H.; Ahmed, H. U. e Nasira S. (2009). Effect of fungicides on *Alternaria* blight and yield of cauliflower seed crop. *Jornal de Patologia Vegetal do Bangladesh.* 25: 1/2, 57-60.

Anónimo, (2011).USDANutrientdatabase.http//:www.nal.usda.gov/fnic/foodcomp

Bedlan, G. (1991). As doenças mais importantes da couve: Pltanzenaschut Wein5,5-6. Veins Austeia.

Berkley, M. J. (1836). *Macrosporium brassicae* N. Smith. Engl. Flora. 5:339.

Bhatti, A.G.; Chandio ,Sultan Metlo, M.Mithal Jiskani, Z.A.Abbasi e F.C. oad (2002). Controlo químico de *Alternaria brassicae* (Berk.Sacc.) que causa a mancha foliar da couve (*Brassica oleracea* L. Var capitata). *Pakistan Journal of Applied Science* 2(2nd):24.

Bhosale, M. V.; Parane, R. R.; Shete, M. H. e Pawar, N. B. (2009). Eficácia de botânicos, bioagentes e fungicidas na gestão do míldio foliar da cebola. *Anais de Fisiologia Vegetal Akola.* 23(2): 282-283.

Burnett H.L. e Barry B. Hunter (1999). Illustrated general of Imperfect fungi. *Sociedade Patológica Americana 4th ed.* 61-87.

Changsri,W. e Weber, G.F.(1963). Três *Alternaria spp.* patogénicas em crucíferas cultivadas.*Phytopathology*.53: 643-648

Chattopadhyay,C.(2008). Gestão de doenças da mostarda de colza com especial referência à condição indiana na produção sustentável de tecnologia de sementes oleaginosas de mostarda de colza *Agrotech Publ.Acad, Udaipur, 364-368.*

Deshmukh, S. S. e Kolte, S.O . (1992). Estudar a eficácia de extractos de plantas contra fungos fitopatogénicos resumo da tese, Instituto de Pós-Graduação Akola. 114

Dubey asit ;Tripathi, M. K. e Verma M. (2010). Avaliação de fungicidas e extractos de plantas para a gestão da praga de Alternaria na noz *de* Malabar (Adhatoda vasica). *Ciências da Proteção Nova Deli.* 18 (1): 256-258.

Ellis,M.B.(1971). Dermatiaceous Hyphomycetes, pp.467-468. Commonwealth Mycological Institute, Kew, Surrey, Inglaterra.

Govinbanich, G. (1938). Sulle speciedi alternaria the producona it nerume def. Eavat Flore in Halin. Bull. R stz. Pat. Vez. Rama M. S. 17: 193-200.

Guleria S. e Kumar Ashok (2006). O extrato de folha de *Azadirachta indica* induz resistência no sésamo contra a doença da mancha foliar de *Alternaria. Jornal de Biologia Celular e Molecular* 5: 81-86.

Hossain, M. D. e Rahman, M. Z. (2007). Eficácia da pulverização foliar com potassa, extrato de folhas de nim e Bavistin para gerir a mancha foliar e a ferrugem do amendoim. *Bangladesh Journal of Plant Pathology*. 23: (1/2): 85-88.

Hossain, M. S.; e Hossain, M. M. (2009). Eficácia dos fungicidas foliares no controlo do míldio do tomateiro. *Bangladesh Journal of Plant Pathology*. 25(^):51-55.

Inam-ul-Haq; Abdul Rasheed e Khan, S. A. (2008). Eficácia relativa de vários fungicidas, produtos químicos e bioquímicos contra a praga tardia da batata. *Jornal Paquistanês de Fitopatologia*. 20(1):129-133.

Islam,S.S., Rahman, M. H., Hasan, M. J., Ashadusjaman, M. e Khatun, M. M. (2007). Eficácia dos tratamentos fungicidas no controlo de *Alternaria* spp. em *rabanete*. *J. Sustain Crop. Prod.*, 2(5): 46-50.

Karanth, NGK(2002). Challenes of limiting pesticide residuce in fresh vegelable. A experiência indiana. In : Food Sofety managemant in Developing countries. CIRAD-FAO, PP 11-13.

kumar Aruna, K. T.; Kulkarni, M. S.; Thammaiah, N. e Yashoda Hegde (2010). Fungicidal management of early blight of tomato.

Kumar Sanjeet; Upadhyay, J. P. e Sanjeev Kumar. (2005). Avaliação de extractos de plantas para o controlo da mancha foliar de *Alternaria* em *Vicia faba*. *Annals of Plant Protection Sciences*. 13(1): 258-259.

Kumar, B e kolte (2001). S.J. Progression of Alternaria blight of mustard in relation to components of resistance (Progressão do míldio de Alternaria da mostarda em relação aos componentes de resistência). Indian Phytopath.54(3):329

Kumar, M. K. P.; Nargund, V. B. e Khan, A. N. A. (2006). Avaliação laboratorial de fungicidas e botânicos contra *Alternaria alternata*, causadora da doença pós-colheita da manga. *Mysore Journal of Agricultural Sciences*.40(1): 21-26.

Latif Abdul, M., Msaleh. Abu Kauser, Saleh, M., Iqbal Khan, Ashik, M., Rahman, Habibur e Hossain, M. Anwar (2006). Eficácia de alguns extractos de plantas no controlo de infecções fúngicas transmitidas por sementes de mostarda. *Bangladesh J. Microbiology*, 23(2): 168-170

Mandal, S. N., Rashid, M. A., Monower, S. M. e Abdullah, A. M. (1989). Eficiência do fungicida no controlo da praga de Alternaria na cultura de sementes de rabanete. *Thai. Jour. of Agriculture Sci*. 22(3): 141-196.

Mate, G. D.; Deshmukh, V. V.; Jiotode, D. J.; Chore, N. S. e Mayur Dikkar. (2005). Eficácia de produtos vegetais e fungicidas no míldio do tomateiro causado por *Alternaria solani*. Research on Crops in Hisar India, 6(1): 349-351.

Meena A.K.Godara .S.L. e Gangopadhyay S. (2010). Eficácia do fungicida e do extrato de plantas contra a praga de Alternaria do feijão de cacho. *J.mycol. Pl. Pathol*. 40(2): 272-275.

Meena, P. D., Meena, R. L., Chattopadhyay, C. e Kumar, A. (2004). Identificação da fase crítica para o desenvolvimento da doença e o biocontrolo do míldio de *Alternaria* da mostarda (*Brassica juncea* L.). *Journal of Phytopathology*, 152(4): 204-209.

Meena, P. D.; Chattopadhyay, C. e Meena, R. L. (2008). Gestão amigável da praga de Alternaria em *Brassica juncea Indian Phytopathology*. 61(1), 65-69

Mehta, N., e J.P. Tiwari (2002). Perpetuação de *Alternaria brassicae* em resíduos vegetais doentes de colza e mostarda. *J. Mycol. Pl. Pathol.*, 32(3):368.

Mesta, R. K.; Benagi, V. I.; Kulkarni Srikant e Shankergoud, I. (2009). Avaliação *in vitro* de fungicidas e extractos de plantas contra *Alternaria helianthi* que causa o míldio do girassol. *Karnataka Journal of Agricultural Sciences*, 22(1):111-114.

Meena, P.D.Awasthi, R.P.Shailesh Godiko Gupta, J.C.Ashok Kumar Sandhu, P.S.Pankaj Sharma Rai, P.K.Singh, Y.P.Rathi, A.S.Rajendra Prasad Dinessh Rai Kolte, S.J(2011). Eco-friendaly approaches managing major diseas of Indian mustard *World Applied Science Journal* 12:8,1192-1195.

Milbrath, D. G. (1922). Fungo Alternaria da Califórnia. *Bot. Gaz.* 74: 320-324.

Moslem, M. A. e Kholie E. M. (2009). Efeito do extrato de sementes e folhas de nim (*Azardirachta indica* A. Juss) em alguns fungos patogénicos de plantas. *Pak. J. Biol. Sci.*, 12: 1045-1048.
Murumkar, D. R., Indi, D. V., Gud, M. A., Shinde, S. K. e Deshpande, A. N. (2009). Gestão fungicida da mancha foliar do cártamo causada por *Alternaria carthami*. *Jornal das Universidades Agrícolas de Maharashtra*. 34(1):54-56.
Muto, M., Takahashi, H.Ishihara, K., Yuasa, H., e Huang, J. W. (2005.) Controlo da mancha negra da folha (*Alternaria brassicicola*) de crucíferas por extractos de Black Nightshade (*Solanum nigru m*). *Plant Pathol. Bull.*14: -25-34.
Narain Udit; chand Gireesh e P. Rajendra. (2006). Eficácia dos fungicidas contra a mancha foliar de Alternaria nos brócolos. *Annals of Plant Protection Sciences* New Delhi. 14(2)487-488.
Direção Nacional de Horticultura, (2009). Agricultura. Divisão de Horticultura. Ministério da Agricultura, Governo da Índia
Direção Nacional de Horticultura, (2010). Agricultura. Divisão de Horticultura. Ministério da Agricultura.
Nees Van Erenbeck, C. G. (1817). Das system der pilze and schwamme. 331 pp. Wurzburg.
Pandey, S.N. e A. Chandha (1993). A Text Book of Botany,Plant Anatomy and Economic Botany, Vol. II. *Vikas Publishing House Pvt. Ltd: 37, k69.*
Pandey A.K. e Prasad Rajendra (2007). Avaliação do extrato de plantas para a gestão da praga *de Alternaria* na mostarda. J.*Mycol.Pl.Pathol.* 37(1):158.
Pandey, B. N.; Srivastava, S. R. e Srivastava, R. K. (2006). Estudos sobre o controlo fungicida da doença da mancha foliar de *Dolichos lablab* (L.). *Flora and Fauna* (Jhansi).12(1): pp-78-80.
Pawar, B. T. (2011). Atividade antifúngica de alguns extractos de caule contra fungos patogénicos transmitidos por sementes. *Journal of Phytology. 3: 12, 49-51*
Panse e Sukhatme, V. V. (1967). Statistical methods for agricultural workers (2nd Ed.), ICAR, Publications, New Delhi.
Paul p.k. e Sharma P.D. (2002). O extrato de folhas de *Azadirachida indica* induz resistência na cevada contra a doença das folhas. *Physiol Mol. Plant patho.*61:3-13
Prasad Rajendra e Lallu (2006). Gestão da praga de Alternaria da mostarda com a combinação de produtos químicos e botânicos. 14(2): 400-403.
Raja, P. e Reddy, A. V. R. (2008). Eficácia dos fungicidas na mancha foliar da beringela causada por *Alternaria tenuissima*. *Annals of Plant Protection Sciences*, Nova Deli. 16(1):237-239
Rajan, S.; Lal, H. C. e Ojha, K. L. (1998). Avaliação de fungicidas para o controlo do míldio foliar de Alternaria da couve-flor. *J. Appl. Biol*. 8(1): 86-89.
Rao, M. S. L., Sagar S. K., Kulkarni S. D. e V. R. (2007). Eficácia dos fungicidas e bio-agentes de tratamento de sementes na praga de Alternaria e noutros parâmetros de qualidade das sementes de girassol. *Journal of Plant Disease Sciences. 2: 1, 34-36.*
Rao, M. S. L., Kulkarni, S., Lingaraju, S. e Nadaf, H. L. (2009). Bio-priming of seeds: a potential tool in the Integrated management of Alternaria Blight of sunflower. *Helia*, 32(50): 107-114
Rathi, A.S. and Singh Dhiraj.(2009) Integrated management of Alternaria blight and white Rust in Indian mustard
Rathod, R. R.; Shivankar, S. K. e Shinde, S. S. (2006). Avaliação de fungicidas, produtos de neem e extractos de folhas de plantas *in vivo* contra o míldio foliar de Alternaria do trigo. *Crop Research* (Hisar), 32(2): 243-249.
Shashidhara, S. Lokesh, M. S.; Lingaraju, S. e Palakshappa, M. G. (2009). Avaliação *in vitro* de antagonistas microbianos, botânicos e fungicidas contra *Phytophthora capsici* Leon. o agente causal da podridão do pé da pimenta preta. *Karnataka Journal of*

Agricultural Sciences. 21(4):527-531.

Shinde, M.S.; e Raut, A. K. (1998). Avaliação de fungicidas para o controlo da alternaria leaf blight da couve-flor. *J. Appl. Biol.* 8(1): 86-89.

Singh, R. S. (1982). *Fitopatologia* Os fungos. PP. 364-369 Oxford and IBH Publishing Co. , New Delhi

Singh Akhilesh (2008). Eficácia de novos fungicidas na gestão do míldio precoce e tardio da batata. *Indian Phytopathology*. 61(1):134-135.

Singh, S. B. e K.S. Abhimanyu (2005) Evaluation of native bio-agents against *Alternaria brassicae* causing Alternaria blight of mustard. *Farm Science Journal.* 14: 2, 64

Singh R.S.(2004). Introduction to principles of Plant Pathology, quarta edição, oxford& IBH publication pvt.ltd.New Delhi,-p-290-291

Singh Ratankumar; Chandel Sunita; e Sharma Chhaya. (2010). Avaliação de fungicidas contra *Alternaria zinniae* de calêndula africana. *Anais de Ciências da Proteção das Plantas*. 18(1):270-272.

Singh, P. J.; Singh, P.; Dhindsa, G. S. e Kumar, R. (2006). Eficácia de fungicidas sistémicos e não sistémicos contra a mancha foliar (*Alternaria tagetica*) da calêndula. *Indian Phytopathology*.59 (1):118-119.

Surviliene, E.; Sidlauskiene, A.; Valiuskaite, A.; Vasinauskiene, M. e Zitikaite, I.(2005) Impact of fungicides on cabbage storage diseases. Sodininkyste ir Darzininkyste. 24(3):341-351.

The Hindu Economic Survey of Vegetable Production, (2009) Survey of Indian agriculture.

Vishwanath e S.J.Kolte,(1997). Variantes bioquímicas entre três isolados de *Alternaria brassicae. Indian Phytopath*.50:437.

Yadav, R. S.; Khilari, K. and Kumar R. (2010). Eco-friendly management of Alternaria leaf spot disease of cabbage. *Ambiente e Ecologia*. 28(4):2200-2202.

Yadav,S.L.Mishra,A.K.Dangre,P.N.RashmiSingh(2011). Assessmetof fungitoxicity of fungos do filoplano contra allterneria brassicae causadora da mancha foliar da mostarda. *International journal of Agri. Tech.7:6,1823-1831.*

Zaker, M. e Mosallanejad, H. (2010) Atividade antifúngica de alguns extractos de plantas em *Alternaria alternata*, o agente causal da mancha foliar de Alternaria da batata. *Jornal Paquistanês de Ciências Biológicas*.13 (21):1023-1029.

MIX
Papier aus verantwortungsvollen Quellen
Paper from responsible sources
FSC® C105338

Printed by Books on Demand GmbH, Norderstedt / Germany